U0528790

Rich Devos
[美] 理查·狄维士 著

相 信

安利（中国）日用品有限公司 译

图书在版编目（CIP）数据

相信 /(美) 理查·狄维士著；安利（中国）日用品有限公司译. — 重庆：重庆出版社，2024.5
书名原文：Believe
ISBN 978-7-229-18496-4

Ⅰ.①相… Ⅱ.①理… ②安… Ⅲ.①人生哲学－通俗读物 Ⅳ.①B821-49

中国国家版本馆CIP数据核字（2024）第051689号

BELIEVE
Copyright ©1975 by RDV Publishing
Simplified Chinese edition copyright ©2024 Beijing Alpha Books. CO., INC
ALL RIGHTS RESERVED.
版贸核渝字（2023）第181号

相 信
XIANGXIN

[美] 理查·狄维士 著 安利（中国）日用品有限公司 译

出　品：	华章同人
出版监制：	徐宪江
责任编辑：	朱　姝
特约编辑：	陈　汐
营销编辑：	史青苗　孟　闯
责任校对：	王晓芹
责任印制：	梁善池
装帧设计：	袁文鑫

重庆出版集团
重庆出版社　出版
（重庆市南岸区南滨路162号1幢）

当纳利（广东）印务有限公司　印刷
重庆出版集团图书发行有限公司　发行
邮购电话：010-85869375
全国新华书店经销

开本：880mm×1230mm　1/32　印张：3.875　字数：70千
2024年5月第1版　2024年5月第1次印刷
定价：48.00元

如有印装质量问题，请致电023-61520678

版权所有，侵权必究

序　言

　　理查·狄维士是创业家的典范。他是安利公司的联合创办人之一。二十年来，他发表了无数成功的演讲，无论听众是企业高管还是青少年，他都能洞察他们的所思所感。他时而晓之以理，时而动之以情，时而掷地有声。

　　安利是一家总部位于密歇根州大急流市亚达城的日用品公司。理查·狄维士和杰·温安洛自高中起就是好朋友、好搭档。1959年，两人在一间地下室里创办了安利，并逐步把它打造成为一家分布于全球100多个国家和地区的跨国公司。

　　理查和杰白手起家，把安利发展到如今的规模和地位，这个创业故事就是一段商业传奇。在过去的几年里，安利收购了相互广播公司纽约和芝加哥的多家电台，以及美国和加勒比海地区的多家酒店。大批媒体对理查和杰进行了专题报道，《读者文摘》称二人为"安利公司令人尊敬的荷兰双胞胎"。

　　生于1926年、父亲是销售员的理查曾经是一个腼腆的孩子。他成长于一个典型的工人家庭，家里的每个人都在努力工作。"我沿街叫卖过报纸，在加油站打过工，还做过很多非常基础的工作。我们过得并不富裕，但从不妄自菲薄。因为在那些日子里，我们过得并不比别人差。"

理查是家中独子，在父亲的影响下，理查一直保持着积极乐观的人生态度，尤其是对商业世界。"我父亲一直是个乐观的人，"理查回忆说，"而且他总想要自己创业。他一直对我说：'你应该开创属于你自己的事业。'因此，从我服完兵役回家的那一刻起，'找工作'这个词就从来没在我的脑海中出现过。我在高中时就已经非常幸运地拥有了一位比我更棒的好朋友兼合作伙伴，唯一的问题是我们从哪个领域开始。因此，我们抱着凭自身能力一定能成就伟业的坚定信念，朝着那个方向努力。我父亲说：'你一定要比我成功，你一定要取得更大的成就，你一定要成为更优秀的人，完成我没能完成的梦想。'"

像任何一位跨国公司的领导者一样，时间是理查最宝贵的财富，但他却慷慨地把它花在对创业精神的拥护和支持上。"我的内心深处总是把自己当作创业者，"理查在最近一场演讲上说道，"创业者，当然是企业家，是建设者，是愿意另辟蹊径、险中求胜的人。"

他把他的见解写成了一本名为《相信》的书。这本书一经上市就受到万千读者的喜爱，被《芝加哥论坛报》《长岛日报》等数家媒体选入十大畅销书之列。有评论家称这本书是"充满灵感的杰作"。

1981 年，以理查为原型，根据这本书改编的同名电影上映。该电影由福音电影公司制作，影片严格按照书中的情节进行演绎，理查谢绝了他参与拍摄电影所得的报酬。"这不是一部讲述我人生历程的电影，"他在银幕上说，"我的人生并不比别人的人生更重要。这部电影更多的是关于我看待事物的理念。我希望你们能从中找到有价值的东西。" 通过福音电影公司，该片在整个北美地区为初、高中学生免费放映，引起了学生们的广泛热议。

诺埃尔·布莱克，一位 1970 年进入安利公司的员工，讲述了他对退居二线的理查的第一个回忆，他说："我记得很清楚，那是我来公司的第一年，一天晚上，我们站在机翼附近准备登机，这时，理查对我说：'诺埃尔，做生意不可以短视，不能为了做生意而做生意，要关注生意背后、决定生意成败的更深层次的原因，否则，任何生意都不会做大做强，你不能仅仅制造一些小产品，就期望它可以自动赢利。成功一定是有原因的，而我们公司成功的原因就在于保留了自由企业和个人自由，这二者密不可分。没有个人自由就没有自由企业，因此我们一定要努力去维护好它们！'"

查尔斯·保罗·康恩

（原载于《星期六晚邮报》1982 年 7/8 月刊）

目录
CONTENTS

序言 　　　　　　　　　　　　　　　　　　 I

第一章　你身上拥有无穷的潜力　　　　　 001

第二章　勇担责任　　　　　　　　　　　 017

第三章　积极乐观的态度　　　　　　　　 027

第四章　尊重每一个人的价值　　　　　　 041

第五章　坚持不懈的力量　　　　　　　　 057

第六章　家庭第一　　　　　　　　　　　 071

附　录　理查·狄维士的99条创业箴言　　 081

CHAPTER I

第一章　你身上拥有无穷的潜力

那些总是把目标定得很低的人一般只会去做眼前的事情，然后就在重复、无聊的生活中虚度生命。一个人认为他可以取得的成就与他实际取得的成就之间，差距极其微小。但首先，他必须要相信自己可以做得到。

在大多数与理查·狄维士的谈话中，我总能听到由3个单词组成的独立短语"杰和我"。这个常被理查挂在嘴边的人就是他的商业伙伴——杰·温安洛，他在理查的生命中占据着独一无二的位置。他们共同创办和运营着庞大的安利公司，而他们的关系也早就超越了普通的同事关系。

理查和杰都有着荷兰血统，年龄差距不超过两岁，他们相识于基督教高中，都在大急流市出生和长大。当时杰有一辆小汽车，而年龄较小的理查没有，于是理查每个星期向杰支付25美分用来搭便车上下学。渐渐地，理查和杰发现他们拥有许多共同的兴趣爱好，特别是他们都梦想着有一天能够拥有属于自己的事业。因此，在他们各自服完兵役后，两人便走到了一起，开始为实现他们的雄心壮志而努力奋斗。

他们俩绝对是创业搭档的最佳范本。理查担任总裁，杰出任董事长，他们共同决策公司的大政方针。凡是与他们接触过的人都惊叹于他们两人之间完美互补的关系。

　　理查总是会在他的演讲或不经意的谈话中流露出对他这位合作伙伴的钦佩之情。"我觉得在我认识的人当中，杰是最聪明的，"他说，"记得高中时，他是少数几个不用看书就可以在考试中得到A的学生。他的大脑可以像电脑一样飞快地存储和处理信息。他能马上发现问题，作出初步判断，然后用大量的事实论据来引出并论证他自己的观点，他实在是非常了不起。"

　　在安利公司总部大厅里，竖立着理查和杰的青铜雕像，这是安利营销人员送给他们的礼物。这尊雕像完美地诠释了两人之间的关系：两个人物，虽然各自独立，但组合在一起却构成了一尊完整的雕像，它们采用同样的材质，共享一个底座，却又可以很显然地分辨出是两个独立的个体。这就如同现实中他们亲密无间的关系。若非如此，他们无论如何也无法取得如此巨大的成功。

　　那些总是把目标定得很低的人一般只会去做眼前的事情，然后就在重复、无聊的生活中虚度生命。但生活本不应如此。我相信世界上最强大的力量之一就是人的决心，也就是说一个人能相信自己，敢于制定远大的目标，并坚定自信地追求自己想得到的东西。

"我做得到"这句充满力量的话，我们在日常生活中很难听到。但我想告诉你，对绝大多数人来说，这句话是正确且行之有效的。只要你相信你能做到，那你就一定能做到。世界上除了极少数人之外，一个人认为他可以取得的成就与他实际取得的成就之间，差距极其微小。但首先，他必须相信自己可以做得到。

我必须先澄清一下，我可不是什么"心灵鸡汤大师"，对于如何激发人类潜能，我知道的并不比一般人多。但是，因为我管理着一家发展迅速的跨国公司，我经常会被问到一些相似的问题，比如"为什么有的人成功了，有的人却失败了"或者"怎么做才能真正激发员工的潜能"，就好像我有什么超前的观点，可以解释为什么有的人可以创造出新的销售纪录，而有的人却随时可能卷铺盖走人一样。我不想让这些提出问题的人失望，但我确实没有任何的技巧、花招或者诀窍能让人一夜成功。

尽管我没什么特别的激励人心的知识，但我却有一个非常坚定的信念：几乎所有人都可以做到任何他想要做到的事情，只要他真正相信自己的能力。

你的目标是什么其实并没有那么重要。我年轻时的理想，就是自己创业并取得成功。我对进入大学不感兴趣，也不想周游世界或者成为一名职业高尔夫球运动员，对成为密歇根州议会的一名高层官员更是毫无想法。这些都是非常好的人生目标，只是无法吸引我而已。我的目标就是要自主创业并取得成功，而且我坚信我一定做得到。

虽然这样推断会有一点武断，但我坚信：无论我当初选择了哪个方向，我都可以取得成功。我的意思是说，任何目标的达成，都是强大的意志和刻苦的努力共同作用的结果，只要你两者兼具，你就会无往而不利。"我做得到"这一理念不仅适用于商业领域，也适用于教育、体育、艺术等社会的各个领域。不管是获得哲学博士学位，还是去挣100万美元，抑或是成为一个五星上将，还是赢得一次赛马比赛的冠军。这些各式各样的成就中，"我做得到"是最普通又最伟大的决定因素之一。

回顾我的一生，我的每段经历都告诉我要坚定不移、自信努力，这可比课堂教育要深刻得多。我大部分的时光都是和杰·温安洛一起度过的，我们在1959年共同创立了安利公司。但早在那之前，当我们还是十几岁的高中生的时候，我们就已经明白了"我做得到"的意义。

第二次世界大战结束后，我和杰回到了家乡。我们当时坚信航空业一定是未来的热门产业。我们想象着每家每户都能有私人飞机,数百万人都会通过培训考取飞机驾驶执照。所以,航空业就成了我们的创业首选。我们花光了700美元的积蓄,买了一架小型派珀飞机,并且开了一所航空学校。不过,我们也遇到了一个小麻烦:我们俩谁都不会开飞机!

但是,这并不能阻碍我们创业的脚步。我们聘请经验丰富的飞行员授课,我们只负责推广引流,招揽更多学员。既然我们决定投身于航空业,就绝不会让任何事浇灭我们的热情,即使是不会开飞机这样的小事也不行。

随后我们又遇到了另一个麻烦。当老师和学生都就位之后,我们才发现小机场的跑道还没有完工,跑道还只是条纹状的泥巴路。机场旁边就是格兰德河,于是我们灵机一动,给飞机装了一些浮筒,让飞机在河上起飞和降落。(有两名顺利毕业的学员,根本就没有在真正的跑道上起降过飞机!)

我们本打算在跑道边建一间办公室,但都快开业了,我们连办公室的影子都还没见到,我们必须得做点什么了。于是,我们从路边一个农民手里买了一个鸡舍,把它拖到小飞机场,用水清洗后,在门上安了一把挂锁,并放上一个大标牌：狼獾空中服务公司。我们就这样一脚踏进了航空业。

这个故事以我们的生意蒸蒸日上结尾，我们共购置了12架飞机，并最终成为区域内最大的航空服务公司之一。我们能取得成功的原因就在于我们从一开始就相信自己，我们从骨子里就认为我们一定做得到，而事实也证明，就算面前困难重重，我们还是做到了。如果我们在启动创业项目时就三心二意，没有完全相信自己，总是焦虑着找借口退缩，那第一架飞机就不可能成功起飞，也不会有狼獾空中服务公司了。

这个故事阐释了一个基本道理：如果一个人什么都不尝试，就永远不会知道他到底可以做到什么。这个道理是如此简单，以至于有些人竟完全忽视了它。如果当时我们听从了那些劝说我们不要进入航空业的逻辑观点，那我们很可能很快就放弃了，甚至可能直到今天，我们还坐在一起，苦苦思考着我们到底要从哪里起步，才能实现我们的梦想。但成功的事实就摆在眼前，只要我们认准目标，并竭尽所能地尝试用各种方法实现它。

在那之后，我们又决定转向餐饮业，并不是因为我们对餐饮业有多了解，事实上，我们对它的了解也仅限于加利福尼亚州的一间汽车餐厅而已。那时候大急流市还没有类似的餐厅，于是我们就想尝试在家乡也开一间。我们买下了一幢预制装配式建筑，在里面安置了一间单人厨房，就准备隆重开业了。可是到开业当晚，电力公司还没有给餐厅通上电，在一阵惊慌失措之后，我们还是决定如期开张，拖延和改期可不是我们的行事风格。我们在最后一分钟租借到了一台发电机，把它安装在那个矮小的建筑里，自己发电。

虽然那间小餐厅的盈利不是最多的，但却是我们最冒险的项目之一。杰和我轮流负责做饭和送餐（老实说，这真的是一份性价比不高的工作）。我们从来都不是光说不练的，而是把全部的心思都投入我们正在做的事情当中。我们当然可以先花几年时间去探讨这门生意的可行性，细想会遇到的各种困难和阻碍，没准讨论的结果就是放弃。这样的话我们永远也不会知道我们到底能否在餐饮业取得成功。

这说明了什么？说明要给事情一个发生的机会！要给成功一个发生的机会！如果你根本不敢迈开腿，就不可能赢得一场赛跑；如果你根本不敢去抵抗，就不可能赢得战争的胜利！那些有梦想、有抱负却总是停滞在想一想、等一等的人是最悲哀的，他们拥有闪闪发光的梦想，却又不肯给这些梦想的火花一个升腾为熊熊烈火的机会。数百万人都怀揣着这样的念头在寻找第二份收入或者创立自己的事业，而安利公司就是为了满足这种需求而生的。还有很多人正在悄悄孕育着其他的梦想：在职老师想要攻读一个硕士学位；个体商户想要多开一家分店；一对夫妻想来一场说走就走的旅行；全职妈妈想要成为一名网络作家……这样的人数不胜数。有的人的梦想只停留在头脑中或者嘴上，他们不相信自己做得到，也不敢努力去尝试一下。简单来说，他们是因为过于害怕失败而失败了。

如果你已经斟酌了全部观点，衡量了所有条件，那么摆在你面前的只有一条路：尝试！别再纸上谈兵了，赶快行动起来！你怎么能知道你是否可以画出那幅画？是否可以做成那笔生意？是否可以卖掉那台吸尘器？是否可以获得那个学位？是否可以完成那场演讲？是否可以赢得那场比赛？是否可以娶到那位姑娘？是否可以出版自己的书？是否可以烘烤蛋糕？是否可以建成那幢房子？这些问题的答案，唯有尝试过才能知道。

年轻的杰和我被这种态度驱使，以至于现在回想起来，我们当初的大多数举动都是有勇无谋的。然而，我们却非常热衷于用我们的双手去尝试新鲜的事物，而且非常自信：好的事情总会冒出来，只要我们永远坚信"我做得到"。而我们也常常发现，我们真的能成功！

我们都还是单身汉的时候，读过一本讲述在加勒比海远航的冒险经历的书。我们被书中的情节深深吸引，于是决定自己驾船去南美旅行。一直以来我们都在努力工作，是时候给自己放个假，休息一段时间了。我们在康涅狄格州买了一艘陈旧的 30 英尺[①]长、8 英尺宽的纵帆船"伊丽莎白"号，并且为长期旅行做好了充足的准备。我们计划沿着美国东海岸南下，抵达佛罗里达州，再越过古巴，向南穿越加勒比海去看看那些有着异域风情的岛屿，最后在南美结束我们的旅程。我们将会度过一段美妙的时光，而唯一的问题是我们俩都没有任何的航海经验。

我记得有一天我们在密歇根州荷兰镇，想让一位水手朋友顺我们一程，他问道："你们为什么要乘我的船？"

我说："这个，我们刚刚买了一艘 30 英尺长、8 英尺宽的纵帆船，可是我们谁也没有驾过船。"

他问："你们打算去哪？"当我们告诉他我们俩打算去南美时，他差点直接晕死过去。

---

① 英尺，英美制长度单位，1 英尺 ≈ 0.3048 米。

但是我们都坚信自己做得到。

我们接受了一些简单的培训，然后一手捧着说明书，一手握着舵柄，就这么出发了。但我们很快就迷路了，在新泽西州沿海完全迷失了方向，就连海岸警卫队都找不到我们。夜晚时分，错过了两批救援人马的我们，还误闯入一片内陆沼泽地并被困在那里。经过一天的搜寻后，海岸警卫队终于找到了我们。"以前从来没有人能把如此大的船开到这么深的内陆来。"他们一边感叹着一边用一根绳索粗鲁地把我们的船拖回海面上。

"伊丽莎白"号是一艘可爱的"古董船"，就是染上了爱漏水的毛病，对一艘船来说，漏水可绝对是个"定时炸弹"。在前往佛罗里达州的航程中，我们必须定时把水从船舱底部抽走。为了完成任务，我们设了每天凌晨三点的闹钟起床，把抽水机设置好，不然的话，不到五点钟，我们就得用手把水舀出舱外。抵达哈瓦那时，情况已经好多了，当时我们就想，可别再有什么麻烦。我们继续沿着古巴北岸线南下，直到有天晚上，老旧的纵帆船突然寿终正寝，在距离海岸 10 英里①处一片 1500 英尺深的水域开始下沉。第一个回应我们救援信号的是一艘荷兰大船，眼看着故事

---

① 英里，英美制长度单位，1 英里 ≈ 1.6093 千米。

就要迎来完美的结局——毕竟我和杰都是荷兰后裔,但是这艘荷兰大船却没有把我们救上岸,甲板上的人只是通过无线电报告说他们发现了一条老旧的、处于危境中的古巴船只,然后就扬长而去。一小时之后,一艘来自新奥尔良市的美国轮船救了我们,并在波多黎各把我们放了下来。

要不要就此放弃,打道回府?

这个问题我们想都没想过。虽然我们经过无数磕磕绊绊才抵达波多黎各,但不管怎样我们还是到了。我们通知了保险公司,告诉他们往哪里打钱,然后继续旅行。我们游遍了加勒比海诸岛,游遍了南美洲的主要国家,最终如期返回密歇根州。

这段旅程并不是一件生死攸关的大事,也不像成家立业那样具有巨大的人生意义。这只是一场旅行,一次玩乐,只是两个年轻人走出去领略这世界冰川一角的一段时光。但这段经历对我来说却意义非凡,它让我更加确信:一个人想要得到某样东西只需要做到两件事,一件是坚信自己做得到,另一件是勇于尝试,绝不轻言放弃。

为什么有如此之多的人无法实现他们的梦想呢?我认为最大的原因在于别人否定和怀疑的态度。这些人不是敌人,反而可能是我们的朋友,甚至是家人。我们可以很轻松地解决掉真正的敌人，但是那些带着嘲讽的微笑、蔑视的眼神，不断发表摧残梦想言论的"朋友"，却很轻易地就能把我们置于死地。试想一下，一个人刚获得一个新的工作机会，正在为此激动不已，他看到了一个可以赚更多钱、更有意义并可以实现自己的个人价值的工作机会。他的心怦怦跳动，热血沸腾，他整个人都做好了万全的准备去迎接充满刺激的崭新未来。但就在某天下午，他兴冲冲地把这个消息分享给隔着篱笆墙的邻居，却换来一阵嘲讽："你做不到。"邻居列举了一大堆他将要面对的困难和阻碍，还有 50 条他不会成功的原因，结论是：保持现状，什么都别做。

他的工作热情立刻被打击得荡然无存，他就如同一条受到鞭打、夹着尾巴的狗一样逃回自己的房中，所有的自信和激情都消失了。他开始认真思考那些他做不到的理由，不再去关注那些他能做到的事情。他那个没有梦想、无所事事的邻居仅用了区区 5 分钟，通过否定、奚落和怀疑的言论，就把他做事的动力熄灭了。这样的"朋友"实在是比一打敌人更具杀伤力。

一位年轻的全职妈妈决定去上针织课，这样她就能自己织毛衣、毛毯等各种各样的东西。她买了书、针和纱线，开始学习最基础的针织步骤，憧憬着有一天自己也可以做出五颜六色、各式各样的衣物来。这时，她丈夫下班回家了，告诉她做针织有多难，要浪费多少宝贵的时间，有多少女人半途而废。然后以一种丈夫特有的、怜爱的神情望着妻子，微笑着说道："你的针织活不会学得太好的，我可怜的小宝贝。"看吧，不等话音落下，他的妻子就会百分之一百二十地相信丈夫的话。

你要记得，世界上最容易的事之一，就是找个人告诉你什么是你做不到的。总有人乐此不疲地给你"忠告"——也许只是通过一个眼神或者一种语气——任何你想要尝试去做的事情都是毫无前途、注定要失败的。不要听他们的！总是有一年挣不到 1 万美元的人来告诉你为什么你挣不到 1.5 万美元；总有考试不及格的家伙会对你说你太笨，根本拿不到学位；总有没开过公司的人就创业的种种阻碍夸夸其谈；总有从没摸过球杆的女孩自信满满地分析你为什么不能赢得高尔夫球比赛的冠军。别听信这些话！如果你有一个梦想，无论如何，一定要坚信自己可以取得成功。要敢于尝试，给自己一个让梦想成为现实的机会！不要让你的姐夫、你的水管工或者和你丈夫一起钓鱼的朋友，甚至是隔壁办公室的家伙夺走你行动的勇气与自信。不要让每天夜晚躺在沙发上看电视的人告诉你人生是多么的微不足道。如果你在内心深处还有梦想的火花,快去为它做些什么吧,不要让任何人把它扑灭。

我父亲向来确信人的潜力是无穷的。当我还是个孩子时,每次他听到我说"我不能"时,他就会说:"根本就没有'不能'的事,如果让我再听到你说'不能',我就提着你的脑袋撞穿那堵墙!"虽然他从没有真的那样做,但是他的话却深深地印在了我的脑海里,使我明白了"不能"二字没有任何用处。

坚信自己可以成功,你就会发现你真的可以成功!大胆尝试吧!你会为许多即将发生的美妙事情而惊奇不已。

CHAPTER II

第二章　勇担责任

责任要求每个人为自己的选择和行为负责,自愿接受个人行为带来的所有奖惩。责任是让社会成为一个有机整体的黏合剂。责任要求每个人能对自己的所作所为作出回应。

蒂莫西是理查的私人助理，从清晨到夜晚，他都与理查形影不离。蒂莫西身材高大，体格健壮，有一张温文尔雅的方形脸，待人和善亲切。或许，蒂莫西比任何人都更了解理查。

此时此刻，他正坐在大急流市的豪生饭店里享用咖啡。外面的冷雨一直淅淅沥沥，他在屋内话意正浓："是的，我很喜欢我的工作，非常喜欢。虽然因为工作的关系，我经常在外出差，但这很值得，我的妻子也很理解和支持我。"

让蒂莫西谈谈他的老板并不是一件难事。"我必须承认，理查是个了不起的人。刚得到这份工作时，我不确定我能否胜任，毕竟要和一个人长时间地保持亲密的关系并不是一件容易的事。如果这个人不是理查的话，我想我早就辞职了。"

"他经常出差，我当然要陪在他身边。好在我和另一位同事可以轮替，所以我出差一段时间后，通常可以调休几天。"

"理查对员工真的很体贴，我妻子还有一个星期就要生产了，他就给了我两个星期的假期，让我可以安心陪产。"

理查发过脾气吗？有表现出不礼貌、生气或者不耐烦的样子吗？

"从来没有。他就不是一个焦躁不安、喜欢拿人出气的人。如果有些事情进展得不顺利或某人做错了某事，他也只是来回转圈圈。他是个善于灵活变通的人。"

蒂莫西又喝了一大口咖啡，补充道："这实在是非常了不起，真的。我是说，像他那么重要的人，却能如此举重若轻地处理事务。真是让人不敢相信。"

责任要求每个人为自己的选择和行为负责，自愿接受个人行为带来的所有奖惩。责任是让社会成为一个有机整体的黏合剂。责任要求每个人能对自己的所作所为作出回应。

每个人都要对特定的人负责。制造型企业的员工要对工头负责，在每周领取以时薪计算的工资时，要如实告知工头自己是如何分配工作时间的。而工头要对主管负责，主管又要对经理负责，以此类推，直至公司的首席执行官，他要对工厂整体的生产能力负责。董事长要对董事会负责，董事会要对那些投资购买股票、期望获得利润的股东负责。在这一责任链条上，虽然每一点对应的人和事不尽相同，却有着一个共同之处，即链条上的每个人都必须为自己的行为向他人负责。即使是股东或是公司所有者，也要接受政府的监督，这样，政府才能够对人民负责。如此一来，责任的闭环就形成了，社会成员都被囊括进来，谁也不能免责。

我们都知道，假如一个人打碎了珠宝店的窗户，偷走了一颗钻石，那他必然要接受法律的制裁；假如一个人经过不懈努力，攒了100万美元，修了一座美丽的农场，或者获得了一份大学学历，那这个人理应享受勤奋带来的好处。有因必有果，良好的行为自然会得到回报，而恶劣的行为也自然会受到惩罚。每个人都要对社会负责，每个人也都要对自己的行为负责。

这样一个在以往人类社会的发展中从未被动摇过的朴素真理，却在当代社会遇到了挑战。我无法确认这是谁的责任，但一种"人不应该被审判，不应该对自己的行为负责"的观点却得到了越来越多人的支持。如果一个孩子整天游手好闲，不专心读书，老师要给他不及格的成绩时，越来越多的人认为这并非学生的错，他一定是受到了某些坏的影响，错的不是他，而是教育系统的缺陷。人们也不再认为是个人原因导致一个人成为惯犯，整天在监狱里浪费人生，一定是社会的某个基础环节出现了问题，才造成了这种结果。一个公务员利用职务之便，非法诈骗钱财，并试图掩饰罪行,却哭诉是不公平的社会环境、竞争压力让他不得不作出违法行为。这些做法都是为了寻找一只替罪羊为自己开脱,逃避责任而已。父母和大部分社会机构都是替罪羊的最佳人选。因此,一旦某人做错了某事,他总是可以找到借口,"都是他们教唆我做的,这不是我的本意",所有借口都是障眼法,阻碍着人们认清自身的责任。

B. F. 斯金纳曾在几年前登上《时代》周刊封面,被誉为这半个世纪以来最具影响力的思想家。他是一位心理学家,其著作《超越自由与尊严》被《纽约时报》评为20世纪70年代最重要的著作。在这本书中,斯金纳提出了无责任论。斯金纳认为,人不应该对他的行为负责,他所有的行为都是被迫产生的,是他生活成长的环境决定了这一切。无论他是怎样的人,无论他做了什么,重来一次他还是会作出相同的选择。所以,不能因为一个人做了好事,就称赞他是"好人",也不能因为一个人做了坏事,就指责他是"坏人"。他既不是好的,也不是坏的,他仅仅是受制于自身条件和周围环境才产生了这样的行为。

我不是一个人类行为学方面的专家,也对斯金纳观点的哲学背景没有任何研究,但我可以自信地说,基于该观点创立的社会制度,无论从人道主义的角度上看有多么动人，在现实世界里一定是行不通的。即使这种制度最初可以实行，但过一段时间后，也会发生故障，难以为继。如果人与人之间没有任何责任的约束，如果所有的行为不论好坏都一律可以得到嘉奖，如果没有人对自己的行为负责，那么社会根本就不可能继续维持。

我想应该没有多少人赞成如此极端的无责任论。我们应时刻牢记以下关于责任的几个原则。

首先，一个人的能力越大，他的责任就越大。比起收入不高的人群，富人更应该在经济方面作出更多的贡献；比起无名之辈，有名望的人更应该承担引导、教诲他人的伟大使命，更应为自己的人生给他人带来的影响负责；比起才华有限的人，天生聪颖或有天赋的人更有责任善用他的能力多做好事。

虽然每个人的起跑线和所处的社会阶层有很大差异，但是每个人仍应在自己能力范围内，承担相应的责任。尽管收入不高，你也应该对自己的财务支出负责；尽管圈层不大，你也应该为自己对待他人的态度和行为负责。海伦·凯勒就是最好的例子。她本可以因为自己的身体缺陷，不必对自己的未来负责，她也可以因为失去了视觉和听觉，放弃自己的人生，但是她没有这样做。她对她的人生高度负责，最终克服重重困难，取得了辉煌的成就。设想一下，如果一个人出身平凡、资质平平，生活中处处碰壁，他也许会说："看吧，我的生活条件如此恶劣，所以我的人生如何，都不是我的责任。"他认为自己无所事事、一事无成是天经地义的，总是抱怨他生存环境的恶劣。其实，不管生存环境如何，一个人都要对自己身上所发生的任何行为负责。

安利公司就是由一群理解责任的含义并对自己人生负责的人组成的。在安利，有几百万的营销人员想要获得更高的收入，想要享受更美好的生活。所以，他们勇敢地打破原有的生活状态，不再纠结于物价上涨，不再受制于打工者朝九晚五的节奏，他们要为自己的理想而活。他们利用本来可以整晚看电视，周六打高尔夫球，甚至是发呆的时间销售安利产品，分享安利事业机会，赚取额外收入，提高自己和家人的生活品质。在这个过程中，有人成功了，也有人还在探索，但是每个人都不再抱怨自身的条件，而是尝试用自己的努力去改变它。他们愿意对自己负起责任，不再忧心于自身所处的环境，从各自的起点出发并努力向前。我想这就是我如此喜爱他们的原因。

其次，承担责任的人，应该拥有自由决策的权力。责任与自由密不可分，二者缺一不可。如果我要求一个经理承担一定数额的产量责任，我就必须授予他赏罚下属的权力，并允许他为了完成工作见机行事。如果我给我儿子1000美元，让他以此为本钱并在一年之内赚到钱，我就必须给予他自由选择投资方式的权力。如果我想让一个人对他自己的经济状况负责，那我就必须给他一个自由的环境，允许他做一些额外的工作，并且按照努力的程度收取报酬。

最后，责任一定包含着评价。在美国，越来越多的人反对个人绩效评估，这种现象在教育系统表现得最为突出。越来越多的老师和教育专家提倡废除评分制，因为学习不好的学生会因为糟糕的成绩而受到打击，学校应该成为一个不伤害学生感情的地方。不幸的是，这样下去我们也很难培养出优秀的学生了。如果我们因为担心打击弱者而拒绝认可强者，那所有学生的整体表现都会逐渐下滑。一旦我们摧毁了鼓舞人们上进的激励机制，我们就会朝着失败迈进，而不是向着成功前进。

我非常理解成绩差的学生的窘境。但如果一位老师、一位厂长、一位教练或是其他管理者不能批评表现较差的人，那他也无法奖励表现较好的人，这样的话就没人会对自己的工作负责了。

学校老师不是唯一一群倾向于取消绩效评估制度的人，

这种观点很普遍，只不过在具体的表达上有所不同而已。如果就业保障是指一个人无论业绩多差，也不会被开除，那这就是逃避责任的一种方式。罔顾员工个人能力的高低，对员工进行同等奖励，会使得本来很有意义的评估工作变得毫无效用。我们应该在学校里留存一个基于直接评价的奖惩机制。孩子们是要在学校里学习人生道理的，而不论你喜欢与否，生活都是十分严苛的，唯有辛苦的努力才能得到回报。人生的法则是：一分耕耘，一分收获。每个人都要对自己的行为负责，这是生存的自然法则。责任渗透到了我们生活的方方面面，我们的孩子越快地了解原因和结果之间的联系，越快地明白为何要设置奖励和处罚，越快地承认劳动是唯一的生存手段，他们的人生就会越快地变得更美好。

帮助孩子逃避责任并不是在帮助孩子。如果在学校里，无论表现好坏，老师都给予相同的奖励；勤奋好学的学生和游手好闲的学生受到同样的表扬和批评；优秀的学生得不到任何鼓励，能力差的学生也不会受到任何惩罚。那么，一旦学生们离开学校，开始面对人生残酷、严苛的法则时，他们就会手足无措。这对年轻人和社会毫无益处。我们每一个人都需要理解责任的概念和含义。因为在人生的旅程中，我们永远也无法摆脱对其他人的责任。

CHAPTER III

第三章　积极乐观的态度

我以积极乐观的态度看待人生！我阅读人生的方法是：用鲜红的笔在积极、快乐的信息下画线，跳过那些消极的东西，对发生过的坏事情视若无睹。

安利公司将会在明尼阿波利斯市的市政礼堂举办一次销售会议,理查·狄维士将在会上发言。很奇怪吧?一个商业性质的会议选择在市政礼堂里召开,难道不是在酒店会议室更合适吗?

会议当天,整个会场座无虚席。每个来参会的人都兴致勃勃,他们穿着各式各样的衣服,带着亲朋好友,忙着问候身边不断出现的熟悉面孔。这是一场聚会,也是一次庆祝,最重要的是,参加会议的3000名观众脸上都带着灿烂的微笑。他们喜欢待在这里,他们似乎都在期待着什么。

终于,在一段影片和几场简短的演讲结束后,主持人激动地宣布:"女士们、先生们,热烈欢迎你们期待已久的人登场——理查·狄维士!"全场响起持久的欢呼声。现在我们终于明白了,观众一直都在等待着理查的出现。理查没有让他们失望,他喜欢他们,他们可以感受得到。理查也被他们的热情感动，没有讲台，没有笔记，没有流程，一个麦克风就已足够，他就那样简单却耀眼地站在舞台中间，用话语带给人们希望和力量。即使有人偶然闯进了会场，也会瞬间被现场的氛围感染。

他时而讲点笑话，时而给点建议，还用15分钟强调了"销售产品"的意义，在那之后他为很多杰出的营销人员送上了鼓励和祝福。两个小时的时间就这样匆匆过去了，理查开始做总结陈词，结束演讲。如果你听过理查的演讲，你就会发现销售是一件特别简单的事情：客户就在你的身边，只是你还没有注意到；没有任何压力，不需任何推动，你只要真诚地分享，热情地服务，客户就会出现。

晚上10点钟，会议结束了。理查和观众一一握手之后，坐上了门外等待已久的车，几分钟后就到达了机场。在那里，安利公司的私人飞机已等候多时，他迅速地登上梯子，和飞行员打招呼。很快飞机就飞过了密歇根湖，飞向了大急流市。凌晨1点，理查的飞机落地；凌晨2点，理查上床入睡；第二天早晨9点，理查会准时出现在他的办公室里，开始他新的一天。

难道你不曾注意吗？当你抱着悲观的态度看待事物时，

事情真的会变得很糟。对我而言，每当我预感到一些不好的事情即将发生时，这些事情就一定会发生。如果我等待的时间足够长，事情的糟糕程度就会演变成我日夜恐惧的那样。

但我也发现，这个道理反过来也适用。如果我总是期待好的事情，它们通常也会在现实中发生！我需要做的仅仅是耐心地等待足够长的时间，期盼好的事情能够再好一点，不久之后事情就真的会如我预期一般发展。

生活就是这样，它会回应我们的愿望，自觉地与我们的期待相符合。心理学家会告诉你，如果一个男孩总是被叫作"小偷"，那他一定会在某天开始偷东西；如果一个学生一直被骂"笨蛋"，那他的成绩很快就会下降；如果总是恐惧某件事会发生，那这件事就一定会发生，而且结果或许比你想象中的更坏。在人生漫长的旅途中，好像总有一股神秘的力量，把我们期待中的事情变为现实。生活就是这样有好有坏，悲喜交加，苦乐并存，每个人都有自己解构人生的方法。

我以积极乐观的态度看待人生！我阅读人生的方法是：用鲜红的笔在积极、快乐的信息下画线，跳过那些消极的东西，对发生过的坏事情视若无睹。我虽然是个乐观主义者，但我也清楚地知道没有永远的快乐，只不过在我的人生中，我对生命中美好事物的回忆远比对那些坏事情的印象要深刻得多。就像那首老歌里唱的，我选择了"强调积极的"和"忽略消极的"。

查尔斯·西蒙斯是19世纪初一位极具影响力的传道士，他曾说："请赋予我积极的性格、向上的信念、乐观的看法、果敢的行动和坚强的内心，而不是消极的性格、摇摆的信念、迟疑的看法、犹豫的行动和脆弱的内心。"

对一个想要活得幸福并干出一番大事业的人来说，积极乐观的心态不是一件奢侈品，而是一件必需品。这是因为一个人看待生活的方式决定了他的感受、他的表现以及他的为人处世之道。消极的观点和态度会不断滋生和累积，直到这个世界变得黯淡无光。

有一次，我开车去加油站加油。那天天气不错，我心情也很好。当我驶入加油站，站在那里的一个年轻人突然问我："你感觉怎么样？"

我说："我感觉很好。"

他说："你看起来像生病了。"这里要提醒大家的是：这个年轻人既不是医生，也不是护士。

我回答道："不，我感觉很好，我从没觉得这么好过。"不过这一次我没那么底气十足。

他说:"你脸色看起来不太好,有点发黄。"

随后我离开加油站,还没有驶过一个街区,就把车停了下来,对着反光镜检查自己的脸色!回家后,我仍不断地照着镜子,寻找黄疸的蛛丝马迹。我做了一切可能的事情!我甚至觉得我有点不太舒服,也许我的肝脏出了毛病,又或者我患上了什么还没有出现症状的疾病。

当下一次我再去那个加油站时,我才明白问题出在了哪里:他们把整个加油站都涂成了一种难看的黄颜色,所有进入那个地方的人看上去都是一副病恹恹的样子。

举这个例子是想告诉大家,我曾经在一天之内仅因为一个陌生人的言论就彻底改变了我原先的态度。他只是对我说我看上去像是生病了,我就真的开始感到不舒服了!一个消极观点的破坏力竟然可以达到如此程度,实在是令人惊讶!

还有一个例子,几乎我问过的所有女性都承认,在她们的衣橱里总挂着一两件只穿过一次的衣服。原因是她们第一次穿着那件衣服出席某个场合时,没有吸引到别人的目光或者受到他人的赞美。她们不需要所有人都夸赞它,哪怕只有一个人说"天哪,你穿这条裙子真好看",她都会再穿上那件衣服,而不是把它挂在衣橱里落灰。

鼓励是世界上最强大的力量之一。它可以是一个微笑，一句乐观而充满希望的话，甚至是一个相信的眼神。但遗憾的是，我们正逐渐失去这种积极乐观的处世态度。如果我们花费了太多时间向下看、找缺陷，我们就会变得没有动力、没有勇气或者没有能力去解决问题。一个对学校吹毛求疵的学生，通常也不会对学校发展作出什么贡献。一个只会挑毛病的"好朋友"，通常也不能帮助对方解决任何困难和问题。

一个全职的评论家往往只会提出问题，却从来没有尝试过解决问题。发现问题并不难，问题无处不在，但赞美只会批判的人，忽视真正付出努力去解决问题的人，这才是最大的不公。

在纽约，一部新的舞台剧即将在百老汇上演。为了取得最好的舞台效果，无数工作人员倾注了几个月，甚至几年的心血。资金已经到位，剧本、音乐已经创作完成，场地已经布置完备，演员也已经完全进入了角色。首演那天，座无虚席，所有的工作人员都铆足了劲儿，要为观众带来一场独特的视听盛宴。

然而，在熙熙攘攘的观众里却坐着四五个评论家，一旦他们不喜欢这场演出，所有人的努力都将毁于一旦。演出结束后，演员们围坐在百老汇附近一家破旧的小酒吧里，焦急地等待着第二天的晨报的出炉。大家都心知肚明，这部剧究竟能够上演多长时间，完全取决于那四五位评论家的好恶。

我并不是说现在人们把评论家当作英雄有什么错。评论家有自己的立场、功能和职责，但是我们不能本末倒置。批评要比创作容易得多。对一个产品指手画脚，远比生产一个产品容易得多，毁掉一个事物远比建设它容易得多。如果我们过度依赖评论家，那人们就都不愿冒着风险去尝试创作，宁愿无所作为，也不愿将自己置身于讥讽之中。

不要会错意，我并不是说评论家是无用的。相反，我认为他们履行着相当重要的社会职能。我只是说，如果我们过度关注评论家的言论，而忽视了那些务实做事的人，我们的社会就会出现问题。如果我们不崇拜解决问题的人，只赞扬那些会挑错发牢骚的人，我们就会变成专业的"站着说话不腰疼的人"！如此一来，我们的下一代就只会成群结队地瘫坐在沙发上，中伤任何一个想要用实际行动改变世界的人。

拉尔夫·纳达尔从未造出过一辆汽车，他有的只是一个模糊的概念，他并不了解一条大规模机动车辆生产线的复杂性，也不懂得这条生产线对美国民众的重要意义，他只知道给汽车挑毛病。其实，没有必要花太多时间去给汽车挑错，也没有必要去指出你的房子、你的丈夫或妻子的不足。真正让我印象深刻的不是车辆本身，而是每辆汽车从组装车间行驶出来时，所展现的那种几乎是不可思议的成就感。我敬重在嘈杂工厂中工作的每一位工人，我敬重这份将全美国各地运来的零件组装到一起的工作。有人在廷巴克图负责制造进气格栅，有人负责制造徽章，有人负责完成座套的编织，有人负责汽车音响的安装，有人负责整理线束，有人负责将金属条放置在方向盘上，测试减震器的状态，确保车辆可以灵活转向。通过遍布全美国的工厂和商店，一些人设计、组织并实现了这一切。这样汽车才能像木材一样，源源不断地被运出生产线。

在很多时间里，大多数人都在做着一件相同的大工程，所有的工作都被精确地、密不可分地组合在了一起。立体音响系统要和车内后方的扬声器恰好接通，座位的颜色要与车身喷漆的颜色相吻合，镀铬合金时要笔直整齐，装轮胎时一定要注意型号正确。数千种不同的工作完美配合，才完成了这项大工程。

对我而言，能做到让这个工程持续进行的人才是真正的英雄；能够想到办法把一条钢带安置在玻璃纤维材质的轮胎中的人才是英雄；那个毫无天分却设计出持久度是旧版两倍的消音器的人才是英雄。我不是不喜欢拉尔夫·纳达尔，我只是厌倦了他总是以消极的、吹毛求疵的态度谈论事情。而且，我担心媒体对他的过度聚焦，会给社会传递一个不正确的价值信号，从而导致创业精神与乐观主义的消亡。

如果全美国只有那几个知名的评论家有这样"消极悲观的心态"，那么事情还不算坏。就怕一些持有这种消极态度的老百姓，像那个"让人面色惨黄"的加油站一样，把他们"患黄疸病的"人生观传染给周围的每一个人。仅仅是在工作间隙，或是在咖啡屋，又或是在上班途中的公共汽车上发起的一段消极谈话，都会产生十足的杀伤力。

几天前，就在我和几个高中孩子在密歇根湖上划船的时候，我们收到了宇航员成功登月的喜讯。其中有一个男孩对我说："把钱花在那上面就是浪费，我们应该把更多的钱花在地球上，毕竟很多人的生活还是很糟糕。"

我对他说："为了把人类送上月球，我们花了 4.45 亿美元，你觉得我们应该用这笔钱做什么呢？"

他回答得很快："我觉得我们应该用这些钱去解决

贫困问题。"

"好的，"我说，"那你要如何去解决？"

他想了有一分钟，然后慢慢地答道："呃，我不知道。"我说："告诉我你需要多少预算，告诉我你的执行方案，我就能为你筹到这笔钱。"他问我将要到哪里去筹钱，我告诉他："只要你有一个切实的解决方案，我保证给你筹到钱。"于是我们开启了一场激烈的讨论，最终那个孩子放弃了含糊的、没有任何实际意义的发牢骚，学着具体理智地认识他所谓的"贫困问题"。他不再只局限于表述问题的现象，像一个冷眼旁观的评论家一样评头论足，而是把自己当成了解决实际问题的人。我们在那天余下的时间里一直在讨论着他关注的事情，我们之间的谈话很愉快，也很有建设性。

短视是很容易做到的。总盯着地面看，从不抬头仰望天空，也是很容易做到的。然而，生命的华美、生命中的爱和喜悦却只能在积极乐观的生活态度中才可以感受到。

这是一个令人兴奋的世界，充满了各式各样的机遇，"伟大之事"随时都可能发生。这世界值得我们用积极乐观的心态对待，我们听够了那些评论家和否定者的话，听够了那些只会说"不"的愤世嫉俗者的话。我用绝大部分是"积极"的、一小部分是"消极"的态度看待人生。我不仅认为生活是美好的，人们是美好的，而且我还可以热情自豪地断言：我生活的每一天都是快乐时光！

CHAPTER IV

第四章　尊重每一个人的价值

我所说的"尊重他人",指的是具体的、日常的态度和行为,而不是抽象的对"人类"的尊重。我主张大家去发现每一个人身上的闪光点,主动去理解和体会别人的优点和他们存在的价值,不要让地位、境况、肤色、信仰等因素影响你的判断。

我发现在许多公司，当一个总裁以老板的身份走进生产车间的时候，他和员工之间会立刻被一种尴尬的气氛所笼罩。他是公司管理层的高级人士，而他们是一线工人；他穿着一件造价昂贵的西装，而他们则穿着工作服——这种反差是非常明显的。他能够不停地得到工人们有礼貌的致意，但这些致意没有几分是发自内心的，更不要奢望里面还包含着敬爱之情了。

但随理查·狄维士一起拜访密歇根州亚达城工厂的客人，要准备好见证一幅与上文描述全然不同的景象。这是一次个人调查，研究对象是雇主和雇员之间的友情。

理查在偌大的工厂里随意穿梭，叫出每位员工的名字，时而问候一下员工生病的亲戚，时而问问员工新车驾驶的感受。他所到之处，员工都会给他一个发自内心的微笑，他善意地与工人们互相开着玩笑，一声声"嗨，理查"从四面八方向他涌来，非常地自然和放松，这是一件多么让人惊奇的事。无论是年轻的还是年长的，无论是资深技工还是普通工人，他们都一个接一个地从组装生产线上走下来，与理查握手打招呼。感觉大家是真的喜欢他，他们完全不在意他们与理查之间的差距，比起老板，理查更像是一位领袖，一个知己好友。

毫无疑问，理查也真挚地、深深地爱着他的员工。他们是同一类人——正派而勤劳，理查敬重他们，也乐于与他们相处。

一位头发灰白、身材矮小的中年女士正站在凳子上，检查罐装气雾剂的顶盖。她认出了站在身后的理查，脸上立刻挂起了微笑，握住理查的手说："快回你的办公室，去做你的工作，理查！"就像是一位正在劝说自己的孩子喝鸡汤的母亲一样，她温柔地说："你和我，我们一定要让这家公司持续运转下去！"

和这位女士一样，几乎所有的安利员工都坚信：你和我——理查和自己，一定要让这家公司持续运转下去！而他们也正是这么做的！

有一首老歌里的歌词写道："爱让世界转动"，冒着挑战公共认知的风险，我想稍微修改一下这句歌词："尊重让世界转动"。世界上最重要的是尊重他人。

我所说的"尊重他人"，指的是具体的、日常的态度和行为，而不是抽象的对"人类"的尊重。我主张大家去发现每一个人身上的闪光点，主动去理解和体会别人的优点和他们存在的价值，不要让地位、境况、肤色、信仰等因素影响你的判断。我相信，每个人来到这个世界都有自己的使命，都应该赢得我们的尊重。

我们常常会利用"贴标签"的方式去评价一个人。这个人读没读过这所或那所学校，得没得过这个或那个学位，从事这种还是那种工作，开着什么样的车，住着什么样的房子，说话是否有口音。我们过多地把一个人和这些琐碎的事物紧密联系在一起，而不是真正地把一个人当作我们在这个地球上的同胞、兄弟姐妹来看待。尊重是实现一切的关键，如果我们的眼里只有一个人的外貌和财富，那么我们将很难做到真正地尊重他。

总有一些看似"神圣"的标签，让我们推崇备至。把工作划分为"专业的"和"业余的"，把人分为"杰出的"和"无用的"，没有大学学历的人几乎得不到别人的尊重。我们好像在说："我不想知道你是谁，不关心你能做什么，不好奇你的个人能力，也不在乎你克服过什么困难，请先给我看一下你的大学毕业证！"

还有一个现象：现在的人们越来越习惯于通过一个人拥有财富的多少来判断这个人的价值。一个无能的人也可以拥有很多财富，甚至还可以拥有一个大学学位。很多事情要远比这两样东西更能准确地体现一个人的价值。但是，有很多人就是因为没有钱或者学历，就彻底失去了体现自己真正价值的机会。

几年前，我参加过一场关于职业教育的研讨会，会议由美国北部一个州的州长举办。来参加研讨会的大多是拥有博士学位或者在高等教育领域拥有丰富经验的专家。我坐在那里听了一整天的讨论，这些专家不经意的言语中流露出了对失业人群的不尊重，而这些人本该是他们要帮扶的对象。我听见很多类似这样的言论："希望通过这次职业教育座谈会，我们可以想出一些办法让这些人变成好公民。"还有另外一个专家这样说道："他当然只能做个管道工，但是……"

这些观点让我感到很不舒服。晚上轮到我发言了，我开场就讲道："先生们，我想要谦恭地奉劝大家几句，除非你们能够学会尊重那些你们试图去帮助的人，不然你们就不要再去做这份工作了。你们现在的做法根本就是在敷衍了事，你们的目标不过是在社会中凑凑合合地为他们找一块栖身之地，让他们不再碍事而已。你们是尊贵的博士，在你们眼中，那些失业的人不过是一群头脑简单的、没办法获得大学学历的社会底层人士。"

请不要误解我的意思，我非常看重大学教育，也很尊重拥有财富的人，我也非常欣赏每一位能够作出异于常人的成就的人。但我认为，这些都不足以作为判断一个人是否有价值的标准，我们不能对着所有美国人说："因为你们身上没有任何一个'成功的标签'，所以你的存在毫无价值。"在安利公司，我们聘请很多科研类博士、药剂师、律师和计算机专家，我认可并欣赏他们的学历和专业知识的价值。我对那些在大学阶段就刻苦求学、兢兢业业，最终从学校毕业，获得博士学位，成为科学家的孩子深表敬意。但是，我不认为他们比我们诚实、勤奋工作的员工更加优秀。这些员工可以是做任何工作的，也许他是一个生产线上的普通工人，是打扫厂房的清洁工人，也可以是负责货物运输的卡车司机。任何尽职尽责的人，都能赢得我的尊重。

我讨厌任何人用这样的语调来评价工人，"他只是一个技工"或者"他只是一个销售员"。他们是热心的、乐于奉献的、有着丰富情感的人，他们骄傲而尽责地完成自己的工作，他们是国家的脊梁，是我们社会的无名英雄，他们理应得到人们的尊重和认可。每当我想到这些，就会不由自主地为他们骄傲，然后从心底尊重他们。

一年夏天，我和我的家人在一栋小别墅里度假。那里有一个负责收集垃圾的清洁工人，我觉得他是世界上最好的清洁工人。他每天早晨 6:30 会准时出现在我家门口，你甚至可以把他的身影当作起床的闹钟。他从来不会随意地把垃圾桶往卡车的方向一扔，根本不在乎垃圾桶是否被扔上去了。当清空垃圾桶后，他也不会随意地把桶盖扔在垃圾桶上，而是小心翼翼地将桶盖归位。他知道那个时间大家都还在睡觉，所以他轻手轻脚、干净利索地完成工作，再开着车向下一栋别墅进发。

一天早晨，我刚起床穿好衣服，就看见他沿路过来了，我一看时间刚好是 6:30。当他来到我的房子门口时，我说："嗨，我一直想跟你说，你的工作做得好极了。"他没有回应我，只是默默地看了我一眼就走开了。

第二个星期我又早早起床，在门口等待他的出现。我看着他清理完我的垃圾桶，然后对他说道："你知道吗，我认为你的工作做得好极了，我从来没有见过一个人如此认真地对待自己的工作。"

他看着我，不耐烦地问："喂，你现在是要回家呢，还是准备出门？"我回答他说，我早些起床就是为了赞美他工作做得有多么出色。他听了只是摇了摇头，便走开了。

第三个星期，我仍然早早起床等待他的到来，因为我很快就要离开了。当他出现的时候，我说："我仍想要告诉你，我对你所做的一切心存感激。"他听完脸上终于绽放出了微笑。

他说："你知道吗，我做了12年的清洁工，从来没有人赞赏过我的工作，我的老板也从来没有夸奖过我，甚至没有人跟我说过一句'谢谢'！"他微笑着，再次摇了摇头，好像自己还不太相信似的，回到了卡车里。

这就是一个应该得到尊重的人却从来没有被人尊重的例子！作为安利公司的创始人，我每天都能听到来自四面八方的赞美之词，夸赞我这件事做得如何好，那件事处理得怎样漂亮。不论我是否真的做得好，我都受到了激励和鼓舞，我的自尊心都得到了满足。当一位医生、教授或社会学家出色地完成了工作，歌功颂德的声音会震耳欲聋。但这位兢兢业业工作了12年的清洁工，却从来没有收到只言片语的鼓励和感激。

尽管每个普通的、平凡的人都存在各种各样的缺点和不足，但同样是为国家建设添砖加瓦的人，所有人应该得到一视同仁的尊重。没错，我们大家都有各自的毛病，有的人曾经伤害过别人，有的人好吃懒做只愿意"啃老"。但是，美国今天仍有 8000 万[①]人在努力工作着。工厂机器轰鸣，商场人流不息。你拿起手机，就可以和世界上任何角落的人取得联系。无论你走到哪里，都能得到他人贴心和专业的服务，他们之中也许有人身体抱恙，也许有人内心正备受煎熬，也许有人的孩子正在医院等待救助……但他们依旧坚守岗位，世界上所有的工商业、金融业、医院、警务部门、服务公司等，全都正常运作。想想你定好的闹钟，需要提前安排的事，需要加油的油箱，门口的自行车，或是那趟由别人驾驶的老旧地铁。想想那些穿梭在城市街道上的校车，它们总是风雨无阻地把孩子们安全送回家。

正是有了无数人的辛勤劳作和默默付出，你才能在周末清晨享受一顿丰盛的早餐，或者不用出门就能买到大洋彼岸那双让你心动的篮球鞋。你只要打开收音机或电视机，就会有人为你播报时间或者演奏音乐。成千上万的加油站

[①] 本书初次出版时间为 1975 年，书中相关数据均为当时所统计。——编者注

中，有人在时刻等待着为你的小汽车加满汽油，让它能够把你带到任何你想去的地方。

我想告诉你，我们生活在一个节奏飞快、效率极高的社会之中，每一个努力工作，让社会维持高速发展的人，都应该赢得尊重。

关于领导力的问题，我思考了很多年，得出的结论是：学会尊重身边的每一个人是成为领导者的首要条件。如果我只有一天的时间去培养一个我的"接班人"，我一定不会把时间浪费在向他解释安利公司商业运作的细节问题上，而是告诉他尊重身边每一个与他共事的人是多么重要。许多人都渴望能够成为一位领袖，但从没意识到成为一个真正的领袖是从尊重他人开始的。不具备这一点，一个人即使再有天分，工作再努力，头脑再精明，也不能成为领袖。如果非要让这样的人来领导工作的话，他也只会是一个无能的领导人。

每个人都想做领导者，但很少有人意识到，那些赢得众多人拥护和爱戴的"伟大领袖"，通常也同等地尊重和热爱他的追随者。

领导地位不是一种被授予或被默许的特权，只有所有人都接受某个人的领导，这个人才能成为一个真正的领导者。一个人可以是老板，可以是雇主，但他可能仍然不是一位领袖。世界上不乏管理者，但不易找到真正的领导者。领导才能意味着能让大家齐心合力完成工作，而这一过程要求领导者和被领导者双方彼此尊重。

一般来说，当人们被一个人尊重时，他们便会愿意追随这样的人。尊重有各种各样的表达方式，只要你心怀尊重，对方就一定能感受到。二战时期，美国有两位风格迥异的将军——艾森豪威尔将军和巴顿将军。艾森豪威尔是一位和善、风度翩翩的将领，而巴顿则被公认是个严厉苛刻的人。即便巴顿如此粗鲁强硬，他依旧尊重每一位普通士兵，把他们当作与自己并肩作战的亲密战友。尽管他表达尊重的方式生硬、晦涩，但这并不妨碍他成为一名受人爱戴的将领。对他人的尊重并不意味着行事软弱或放松要求。它要求领导者真正地信任对方，相信他们可以完成托付的工作。如果一个人知道他的上司对他做这份工作很有信心，他通常会尽其所能地把工作做好。

我一直以我的销售能力为傲。我一生都在和销售打交道，而且我也总是惊讶地发现许多人瞧不起销售这份工作。太多的人都不尊重销售员，最终导致销售员自己都看不起自己。他们为自己的工作感到难堪，害怕听到别人说"噢，你就是个销售员啊"之类的话。正如我之前所说，安利拥有 300 多万营销人员，面对他们，我做的第一件事就是发自内心地表达我对他们的尊重，希望我的尊重能够消除他们心中的自卑感，帮助他们正确认识自己的工作。如果一个人相信自己只是个微不足道的销售员，那他通常也就真的是个微不足道的销售员。他永远也不会感到幸福，也不会创造多少销售额。

在当今社会，能够不被他人怀疑的目光所影响，坚定地说"我是一名销售员"，需要莫大的勇气和定力。为什么？因为太多人都觉得销售是一件轻而易举的事，让自己来做简直是"屈才"。但是别忘了，财富正是通过销售、流通来展现价值的。商品的销售额是一切收入的来源，无论这种商品是实物产品，还是一种服务。在我家，销售从来都是一个被尊重的职业，我很幸运能在这样的家庭中长大。

当我们讨论销售时，最常听见的话是"啊，我讨厌向别人推销东西"，或者是"干什么工作都行，千万别让我做销售"。你知道问题出在哪里吗？是自尊心。简单而普通的自尊心使人们放不下面子推销自己的产品，因为他们从心底就没有尊重过销售这份工作。

在社会普遍对销售存在偏见的情况下，我们安利的营销人员遭受了很多的非议和误解。曾经有人跟我说:"噢,安利不就是那个直销公司吗?"我回答说:"你说得不错,我们是在做着直接向消费者推销产品的工作。我们觉得面对面地销售产品,有太多优点是传统销售模式所无法比拟的。我们并不觉得我们的所作所为有什么丢脸的地方。我尊重从事这一行当的每一个人,是他们让顾客不必再冒着风雨,在拥堵的公路上按着喇叭,在挤满了车的停车场里寻找车位,然后才能够买到他们想要的产品。我尊重把产品直接带到顾客家门口的人,如果他也尊重自身服务创造的价值,他就应该赢得别人的尊重。"

是时候把全部的精力投入到事业中去,为我们自己、为我们的孩子们创造更美好的生活了。我们应该停止互相讥讽的行为,或是比较"谁比谁的工作好",不要再用比较的眼光来评价周围的人,没有谁比谁更优越。你可以试着理解我的处境,了解我的优点,相信我的才能,以基本的礼貌态度对待我,简而言之,你应该尊重我,而我也会因为你的尊重,努力变成一个更好的人。我希望我们能够以这种方式相处,让彼此受益,让彼此成长,而这一切都始于尊重。

你是否曾经写过一封哪怕只有几句话的感谢信,谢谢那位给你的孩子擦鼻涕，找回丢失的鞋子，耐心教导孩子行为的幼儿园老师？你是否对那位虽然给你开了超速罚单，但每天兢兢业业守在路口的交警，说一声"你辛苦了"？你是否称赞过每天为你递上热气腾腾的可口咖啡的女服务员？

想一想你的朋友、你的顾客、你的客户或者是你的同事，想一想那些每天与你擦肩而过的人，是他们的努力工作、他们的友谊、他们的特殊技能让你的生活变得丰富多彩。然而，他们中又有多少人知道你有多尊重他们呢？或者知道你有多尊重他们的生活和工作方式呢？你一定要尊重他们，因为你需要他们，你一定能在无数方面发现他们的长处并赞美、钦佩他们。因此，请大声地告诉他们，展示出你对他们的尊重。要牢记：尊重让世界转动！

CHAPTER V

第五章 坚持不懈的力量

坚持比固执要高尚是因为：坚持源于某个特定的目标，而这个目标在当前条件下是可以通过努力实现的。相较于坚持，只是一味胡搅蛮缠、毫无实际意义的倔强绝对是一种不讨喜的品质。当一个人作出某种决定后，他是否具备坚持的品格，将在很大程度上决定他做这件事能否成功。

走进由玻璃和微微反光的金属材质构造的建筑，穿过高大宽阔的圆形大厅，沿着楼梯盘旋而上到达二楼，再穿过无数间摆放着写字台的格子间，就会来到理查日常处理事务的办公室。

跟很多公司总裁的办公室一样，理查的办公室装修得华丽又不失品位。但是，真正引人注目的不是家具或巨大的平板玻璃，也不是任何的贵重物品，而是一面墙。墙上挂满了纪念品、奖章和照片，其中还有许多私人和专业的物品，就好像是一顿名副其实的瑞典式自助餐，你总能找到满足你好奇心的东西。如果只观察这间屋子里的地毯、家具和帷帐，你完全猜不出理查是一个什么样的人，但这面墙却完整地记录了他精彩的人生轨迹。每一个进入办公室的人都会被墙上的展示物所吸引，他们像一个个研究古墓中象形文字的考古学家一样，会在此驻足思索许久。

墙上挂着各种奖章，包括人道主义者称号勋章、为慈善事业慷慨解囊的证书、因为积极投身公共事业而获得的荣誉证明。这里还悬挂着一块达拉斯牛仔队表示感激的匾额，一张理查和美国前副总统杰拉尔德·福特手挽手的合影，一幅由诺曼·罗克韦尔创作的理查与杰的素描画。这里还有一些理查的私人物品，例如他与妻子、孩子们的全家福，照片里的理查站在正中间，精神帅气、皮肤黝黑，六个人都露出轻松自然的微笑，看得出他们真的很享受在一起的时光。这就是一个取得伟大成功的男人丰富多彩的一生。

不过，墙上还有另外一件东西，没有什么能比它更能反映出理查的品格。它是一句座右铭，看上去非常朴素，外框装潢也毫不华丽，它被静静地悬挂在众多醒目的物品之中。理查从不是一个需要别人千叮咛万嘱咐的人，可是这句座右铭，就像是一个年复一年不停地对他大声告诫的人一样警醒着他。座右铭的内容是：向前进。

世界上没有什么比坚持更重要。才华不能取代坚持，有才华的失败者比比皆是；天赋也不能取代坚持，一事无成的天才随处可见；教育也不能取代坚持，世界上充斥着高学历的无能之辈。唯有强大的决心和坚持不懈的努力才能所向披靡。

当孩子们还年幼时，我们经常会给他们读"小火车做到了"的故事。这些年来，成千上万的年轻人都听过这个故事，了解了它深层的含义：只要你勤奋地工作，坚持不懈地努力，就一定会有回报。

如果你让我选择一种品质，能够从始至终地影响一个人成就的大小，我会选择"坚持"。只要有坚定的决心，一个人就能够战胜任何困难，努力把事情做到最好，就算摔倒过100次，也要从地上爬起来说："请让我尝试第101次。"

有的人会把坚持和固执混为一谈。他们认为坚定的决心和认死理是一回事。二者其实有本质的区别。一个人可以是个愚蠢的、毫无作为的偏执狂。他几乎可以对任何事情固执己见。可以一口咬定水不是潮湿的，也可以不现实地要求时间静止。固执的人总是想当然，没有任何的实际的意义或作用。如果非要用固执来描述坚持的话，我觉得坚持是一种有目标的固执，是一种不达目的誓不罢休的倔强。字典里是这样来解释"坚持"的：坚持是一种顽强的意志，它是指用艰苦的奋斗增加取得成功的机会。

坚持比固执要高尚是因为：坚持源于某个特定的目标，而这个目标在当前条件下是可以通过努力实现的。相较于坚持，只是一味胡搅蛮缠、毫无实际意义的倔强绝对是一种不讨喜的品质。当一个人作出某种决定后，他是否具备坚持的品格，将在很大程度上决定他做这件事能否成功。

当我还是一个高中生时，我就进行过一次非常艰难的选择，每次重温那时的心路历程，我都会感到受益匪浅，正是那一次的经历，让我明白了坚持不懈的价值。我高一的时候就读于大急流市的一所私立教会学校，我从来没思考过读一所私立学校要花掉父母多少血汗钱。我在学校里游手好闲，心思都放在追女孩上。我不是那种过目不忘的学霸，我必须认真学习才能保证不挂科。虽然期末考试我每门功课都及格了，但我却再也不想学拉丁语了，才勉强考到了60分。

我父亲对我第一年的糟糕成绩非常不满，他说道："儿子，如果你就打算这么一直混下去的话，我就不会再花冤枉钱供你读私立学校了。"于是，高二那年我转学去了公立学校。我不喜欢那里，就对父亲说想转回教会学校。父亲说："你想要回去的话，就必须自己赚钱支付学费。"这确实有点冒险，我可以选择留在公立学校，也可以选择转回私立学校，决定权在我手里。但是如果选择了自己心仪的学校，我就得有足够的决心自己负担费用。我思考了很久，计算了所有花费，当时我正在加油站打工，赚到的钱应该足够私立学校的开销。于是我对父亲说:"我要回到教会学校,学费我自己出。"

这是我人生中第一次作出如此重大的决定,这个决定一旦被确认,就一定要立即执行,没有回旋的余地,而想要将想法变成现实,就一定离不开坚定的信念和坚持不懈的努力。现在回想起来,那个秋天是我成长路上最重要的阶段之一。第一次,我不仅按照自己的意愿去决定某事,而且还很乐意靠自己的努力去实现它。最后,父亲看到我如此严肃、认真地对待自己的选择之后,他主动帮我交上了学费。

你需要作出一个决定,然后它才能激发出你的潜能。一些人永远都不可能知道他们是否有吃苦耐劳的能力,因为他们从来不敢给自己施加过大的压力。在他们的人生字典里,完全没有"挑战"这两个字,因为他们知道挑战就意味着具备绝对不能偷懒的头脑和挨过无数难以入眠的夜晚。

你知道吗,确定我们人生走向的并不是那些重要的抉择,而是一个个看起来毫不起眼、小小的选择,这些选择会慢慢累积,自然而然地形成一个重要的决定。常常有人说,他一生中最大的抉择就是挑选结婚的日子。每次听到这个说法,我都会哈哈大笑,因为我从没有遇到过一个人是自己决定在哪天结婚的。为什么这样说,且听我给你分析。你看,他只是做了一个小小的决定,即邀请某一位女生约会,再不断地重复这个决定,二人发展顺利,结婚只不过是顺理成章的事。工作也是很多人眼中的"重大抉择",但事实上工作也是一件水到渠成的事。一个公司正好有职位空缺,恰好你去应聘,然后你和用人方就达成了合作,就算之后有更好的机会出现,你也因为思前想后而拒绝了,所以就在这家公司一直干了下去。

作出真正的决定需要极大的勇气。它需要我们认真地审视自己的状况,敢于直击要害,作出艰难的选择,但要取得成功,这是唯一的办法。英国一位伟大的作家本·琼森曾经说过:"没有经过反复推敲就写出来的东西,读起来味同嚼蜡。"作出决定也是同样的道理。如果作出一个决定时不疼不痒,不用付出代价也不用承担风险,这样的决定以及由此而确立的目标,即使真正地完成了,也缺乏激情,难以为继。生活总是在同一水平上摇摆,而事情也总是保持着一成不变。

一旦你明确了目标,作出了一个你认为真正重要的决定,并准备为实现它而付诸努力。下一刻,在你采取任何行动之前,必须充分估计前进路上可能遇到的各种困难,做好相应的心理准备。在开始行动之前,你还要充分理解,必要的牺牲是达成目标不可或缺的组成部分。我每年都要告诉无数想要通过安利事业取得成功的人,一定要从兼职做起。我们从不会让他们觉得成功是唾手可得的,我们不需要那些总想寻觅一条致富捷径的人。假如你准备升职、攻读学位、建造房屋或者学习新技能,你就必须明白,一天 8 小时的时间根本不够用。如果你不愿意付出比 8 小时更多的努力,或者你沉迷于电视无法自拔,那我劝你还是放弃多余的目标吧。如果打保龄球就是你生活的重心,你无法抗拒每周三晚上和老友欢度"保龄球之夜"的诱惑,那么就请继续打你的保龄球,让自己放松,好好享受现有的生活吧。

喜欢看电视或者打保龄球并没有什么不对的地方。但是,如果你深陷其中无法自拔,以至于你从来没有时间去追逐你总是挂在嘴边的目标,那么至少你应该停止抱怨和嫉妒其他的人,尝试享受当下。继续你原有的生活吧,不要再给自己施加压力,也不要试图改变。不要艳羡别人的成就,也不要抱怨命运的不公。

当你找到了一个目标,也下定决心无论遇到多大困难,都要实现它时,接下来唯一需要去做的事就是坚持不懈地努力！坚持再坚持。大步地跨过沟壑向山顶前进！直接向着目标冲过去，不要让道路上的重重障碍延误你片刻的时间。坚持不懈，这就是秘诀。你的眼睛紧紧盯住目标不放，根本没有时间去听一切不可能取得成功的理由。

在我听过的故事当中，最鼓舞人心的就是一个名叫罗伯特·曼雷的人如何驾驶一艘13.5英尺长的船穿越大西洋的故事。假如他在出发前来咨询我的意见，我一定会告诉他好好待在家里，因为那根本是一个不可能完成的任务。幸运的是，我们根本不认识。一路上他总计落水6次，而且不得不把自己捆绑在桅杆上，以防被暴风骤雨带走。他历经磨难，终于取得了成功。他成功地穿越了大西洋，也因此在航海界名声大噪。

在安利公司初创时期，杰和我的经历跟这位航海家非常相似。如果那时我们听信了任何人的反对意见，我们就永远不会取得成功。经常有人问我们，是否一开始就想到公司会发展到如今的规模，答案是"没有"。我们俩没有什么高明的规划，没有什么伟大的蓝图，做梦都没想过自己会有一家年销售额高达数百亿美元的大型公司。

我永远不会忘记我们决定创业的那个夜晚。当时我们是加尔文学院的学生，我们一起在佛罗里达州欢度圣诞节。晚上，我们躺在床上讨论着各式各样创业的想法。终于，我们作出了决定——别再纸上谈兵了，现在就开始行动起来！

我们的目标很简单——拥有属于自己的、成功的事业。我们已经做好心理准备，无论付出多大的牺牲，也要达成目标。我们坚持不懈地努力着，当我们迈出第一步后，我们只会把力气用在如何迈出第二步上。当我们的总销售额达到了 100 万美元时，我们开始考虑再挣 100 万美元。当我们建成了第一座建筑时，我们开始建第二座。渐渐地，我们看清了安利公司向国际化、大型化公司发展的趋势。坚持不懈的努力——不是天才的筹划或好运气，更不是什么聪明的促销手段——是左右事业成败的关键。

我记得有一次杰和我在密歇根州兰辛市召开大型事业机会宣讲会。那时安利公司才刚刚成立，我们想，一定要办一次精彩的会议！我们在广播里投放了大量的广告，在报纸上也刊登了通知，一整天都在发传单，邀请人们来参加宣讲会。我们租了一个可容纳 200 人的大礼堂，结果那天晚上只来了两个人！你试过在一个能容纳 200 人的大礼堂里，对着两个人慷慨激昂地发表演讲，然后因为住不起汽车旅馆，只能在凌晨 2 点开车回家吗？类似这样的尴尬情景，我们经历了不止一次，我们只有两个选择，要么放弃，要么坚持下去。我们选择了后者。

我们在地下室里创办了安利，然后有越来越多的人愿意销售我们的两款产品，我们便买了一个车库，不是很大，只有 60 英尺长、40 英尺宽。后来我们还买了 2 亩地，当时想着估计要到达公司发展的极限了，差点错过了再买 2 亩地的机会。我们最终决定再买 2 亩地，是想着至少可以拿来建停车场。事情就这样进展得越来越顺利，我们尝试了一切关于产品的想法。成功的话，我们就大批量生产，然后推向市场；不成功的话，我们就干脆利落地放弃。我们让很多稀奇古怪的想法变成现实。我们试着卖过防辐射避难所，因为我们发现在地面上挖一个洞，再把那些东西埋进去，实在是一件很有乐趣的事情！我们还卖过电池添加剂，结果搞坏了不少电池。我们还卖过发电机和水质软化剂。我还清楚地记得，在我们决定放弃水质软化剂生意的那个晚上，一位女士凌晨 2 点给我打电话，说她的水质软化剂正发出奇怪的噪声！我们实在是从这些尝试中得到了不少的教训！

如果我能赋予每个人一种品质，可以帮助他获得事业上的成功，我不会选择给予他超绝的智慧或者协作力，也不会选择给予他健壮的身体、伶俐的口才、超凡的魅力。

我只希望他心意坚定，具备不达目的誓不罢休的品格。

我热爱航海。大海教会了我很多道理，其中有一个就是：对水手来说，世界上根本没有暴虐的风。在航海家眼里，所有类型的风都有它的优点，都能够被利用。就算只有一点点微风，只要舵手懂得如何驾驭它，都能到达目的地。人生也是一段旅途，假如你遇到了"生活的狂风"，就想想上面的话。正如埃拉·惠勒·威尔科克斯在诗里写的那样：

一艘船驶向东方，另一艘驶向西方，
吹拂它们的风来自同样的方向，
是那握在手里的帆，
而不是狂虐的风，
决定了它们前进的方向。
命运就如海上的风，
我们是生命海洋里独自航行的船，
是人生的方向，
而不是灵魂的归宿，
决定了人生的航向。

CHAPTER VI

第六章　家庭第一

是时候重申家庭观念了,我们应该主动承担身为父母的责任,我们应该无条件地热爱和相信自己的家庭,我们要尽自己的全部力量,把家庭打造成培育梦想的天堂。

海伦·狄维士坐在一辆房车的沙发上，这辆房车就像一间移动起居室，载着人穿梭在密歇根州的乡村之间。她一边专心致志地做针线活，一边回答着问题：

"我对人口零增长率的看法？我认为，如果一对夫妻只想要两个孩子，那有两个孩子就可以了。但是，我有四个孩子，感觉也不错。"

"我知道你说得都对，我们的下一代要面临严重的挑战。正是因为这样，我们才应该养育更多的孩子，把他们抚养长大，教会他们如何帮助别人。我坚信我的孩子们一定能让社会变得更好，而不是制造新的麻烦。"

理查·狄维士曾作为特邀嘉宾参与了地方电视台一档节目的录制。

主持人问："理查先生，我们都知道您是一个顾家的男人，那您一定也是一个称职的父亲，对吗？"

理查回答道:"这个你得问我的孩子们。"

两个不同的问题,两个不同的答案,时间上相隔数月,空间上相隔数千英里。然而,这些答案都显示着狄维士夫妇对于家庭生活的态度。在第一个回答里,我们能看到一个充满自信的母亲,她发自内心相信她的家庭最终会培养出优秀的子女,此外我们还能感受到她极为强烈的乐观主义精神,即使是养育孩子这种充满未知数的事,她都相信会有好的结果。而在另一个答案中,我们看到的是一位彬彬有礼的、对问题避而不谈的先生,他只是坦率地提醒主持人,一个家长做得是否称职,最终要由自己的孩子来评判。

家庭在他们心中有着极其重要的位置:孩子到州首府领取一个奖项,要带上祖父祖母;他们举办宴会,会单独为各种亲戚准备一桌饭菜;进行跨国商业谈判时,一定会带上一个孩子。狄克和丹都深入地参与了公司的日常运营,在没有任何人的授意下,四个孩子通过举手表决,启动了一笔慈善基金……还有许许多多私人生活的细节和片段,它们都展现出这对夫妻对家庭无微不至的关爱。

事实上,一个社会真正的活力是体现在普普通通的家庭生活中的,是隐藏在客厅、餐厅、书房和后院中的。家庭，毫无疑问是构成社会的最重要的基础环节。有社会学家认为，家庭在 21 世纪末就会消亡，就如同恐龙和渡渡鸟一样在社会发展中被淘汰。我认为这完全是一种谬论。家庭是人类一切活动的根基，永远不会被任何制度所替代。然而，我们也不得不承认，越来越复杂的文化给家庭观念的延续施加了很大的压力，在很多人眼中，家庭已经不再像以往那样神圣不可侵犯。

是时候重申家庭观念了，我们应该主动承担身为父母的责任，我们应该无条件地热爱和相信自己的家庭，我们要尽自己的全部力量，把家庭打造成培育梦想的天堂。

我的祖父母从荷兰移民到美国，定居在密歇根州西部。我的童年一直被家庭的无限温暖包围着。家庭成员之间的关系非常融洽，虽然我们也有吵架的时候，但我们都知道对方的出发点是为了自己好，这种无微不至的关爱，完全不需要用过多的言辞描述。这种爱意就环绕在我的身边，虽然我当时还是个小孩子，但是我一直都能感受得到。我对销售工作的兴趣，也是从那时开始的。我的祖父是个传统的"小商贩"，每天早晨，他都会开着一辆破旧的卡车沿街贩卖从菜市场采购的蔬菜。我也会沿着他叫卖的路线，售卖剩余的洋葱，赚点零花钱。

我的父亲是一位电工，也售卖电力设备，所以销售的传统深深地植根于我的家庭。我父亲是一个很了不起的人，他一生勤勤恳恳，老实本分，唯一的遗憾是没有创办自己的公司。他鼓励我要开创自己的事业。这对于年轻的我来说，无疑是一种重要的、积极的影响。他生前见证了我取得的一部分成果。1962年，在安利公司刚刚进入快速增长期的时候，他离开了我们。我记得父亲辞世之前，曾对我谈起他的一种预感：安利公司会成为世界上一流的公司。几十年过去了，一切都如父亲预言的那样。他对我说：公正诚实是一个公司的立身之本，营销人员将他们的未来托付给安利公司，我们不能让他们失望，一定要把公司做大做强。父亲的教诲我始终谨记在心。

我回忆这些是想要告诉大家，家庭对一个人的成长有着举足轻重的作用。现在回想起来，我更真切地体会到家庭为我带来的好处。我能成为一名优秀的销售员，要感谢那辆装满蔬菜的卡车，我对意志力的理解源自跟在父亲后面听他讲述那些关于人类潜力的故事。我们的社会是由人组成的，而人都是家庭的产物，虽然每个人的成长都会受到社会方方面面的影响，但没有一种影响因素可以和家庭相提并论。当我回顾自己的成长历程时，才意识到，作为四个孩子的父亲，我要承担和我父亲一样的责任，我努力使自己沉着冷静，但面对这巨大的责任，有时我仍然心生恐惧。

这份责任是夫妻共同承担的。但如果其中一方严重失职，通常会是父亲。在家庭中，一个承担着养家糊口任务的男性，总是能比女性找到更多借口，推卸自己的家庭责任。

有句老话说："如果你忙到没时间陪家人，那你确实忙过头了。"我很认可这句话。有的责任是别人无法替代的，父母的责任就是其中之一。陪伴家人的时间无可替代。这里的时间指的是有质量的时间，它要求在这段时间里，家庭成员之间真的在交流和沟通。在安利公司，我们费尽心思保证每位员工周末都能陪伴家人，我们从来不在休息日安排任何会议。有人曾问我们："你们为什么如此重视家庭，甚至愿意牺牲自己的利润？"其实，这源于我们一个简单的想法：如果赚钱的代价是牺牲家庭，那我们宁可不赚这份钱，实在是太不值得了。

我总有大段的时间出差在外，但是我一旦回到家里，就会把全部的时间都用在陪伴孩子上，跟他们交流，陪他们做想做的事。在我认识的所有人当中，我认为安利公司的首席飞行员是最好的父亲。他也经常出差，不过只要他回到家里，他就能做到真正地"在家"。他从不会整晚看电视，而是会专心地和孩子们在一起。现在很多人把家庭关系的破裂归咎于工作，这种说法是不正确的。据我所知，只有极少数的工作会完全剥夺一个人和家人相处的时间。事实上，不是工作毁了家庭，而是你浪费在高尔夫球场的一个个周末，和朋友们在酒吧虚度的许许多多的夜晚，或者类似的安排击垮了家庭关系。工作不过是一个不敢正视自我，选择逃避家庭责任的人的借口而已。

待在家里只是一个开始，还有无数个艰难的决定要做，树立正确的家风是非常困难的。在我们家，家风也根据实际情况改动了很多次。起初，我们参考了很多育儿手册上的经验，想培养孩子的自主决策能力，什么事情都让他们自己决定。慢慢地我们发现，这个理念并不适用于我们家，因为我在家里设定了很多不允许挑战的规矩，我告诉孩子们："这些规矩你们必须遵守。遵守规矩，我们就相安无事；破坏规矩，我们都不会好过。"所以判断哪些事情是需要用专横的手段处理的，哪些事情还达不到采用严苛的手段就变得非常重要。

没有一个家庭能永远和睦无争，一旦发生争吵，我通常会选择就事论事。很多事情都能惹我生气，比如我让孩子们往东，他们偏要往西。但是，并不是所有的怒气都能引发争吵。我不认为男孩头发长得遮住上衣领，就能导致一场家庭战争。即使我的心里再不赞同，也不会跟一个想要决定自己穿着、处在青春期的少年打口水仗，有太多更值得探讨的话题在等着我们呢！

安利公司一直以来都很注重家庭。我们鼓励并欢迎以家庭为单位开展安利事业，因为安利事业本来就是由一对对夫妻和他们的孩子们一起建立起来的。杰和我并没有在一开始就把注重家庭写在公司章程里，家庭是随着安利事业的发展慢慢地刻进了我们的 DNA 里。我们发现如果夫妻双方的价值观是一致的，那他们无论做什么事情都能做好。所以，我们鼓励夫妻一起了解、相信、从事安利事业。现在，注重家庭已经是安利公司的文化基石之一了。

在安利，我们相信家庭成员一起工作，不仅不会影响家庭的和睦，还会增进家人之间的联系。当我们邀请营销伙伴来大急流市参观时，一定会同时邀请他们的配偶，并且承担全部的费用。

我们的海外研讨会也鼓励营销伙伴带上家人出席。我记得有一次海外研讨会，酒店的老板想当然地认为有这么多客人住店，酒吧的销量一定会暴增，就增派了很多服务人员。但是，第一天过去了，与会人员竟然没有一个人光顾酒吧。老板简直不敢相信，只能把多余的酒吧服务人员都安排到咖啡区帮忙。为什么？因为安利的营销人员并不是一群独自离家、无所事事、只能在酒吧里打发时间的人。他们都与家人在一起，彼此陪伴和照顾，这形成了一个完全不同的企业文化氛围。

　　我不是一个儿童教育专家，也不知道如何做才能让孩子们从父母身上学到更多有价值的东西。关于如何经营好一个家庭，我不是权威，我无法给年轻的父母任何建议。我只能日复一日地尽自己最大的努力去成为一个好父亲，然后等上若干年，由孩子们来评价我是否合格。

　　但是，我想再强调一次：如果没有了强有力的家庭，我们一切热爱和为之奋斗的价值，都将不复存在。

APPENDIX

附录
理查·狄维士的 99 条创业箴言

箴言 1

　　人们对于自由的渴求不仅限于物质的自由，也包括精神的自由：成为一个独立、健全的人，具有自己的思维和梦想，发现真正令人满意而非流于表面的理想生活方式。

箴言 2

　　每一个人天生都是平等的，他们都有自己的价值、尊严和独特的潜能。所以，我们可以为自己和他人构筑梦想。

箴言 3

　　梦想永不为晚。如果你因为过于恐惧或深陷痛苦而不敢有大的梦想，那么你完全可以从小的梦想开始。梭罗曾经说过："如果你信心十足地追逐梦想，并努力实现你想要的生活，就会得到意想不到的成功。"

箴言 4

真正的大事业和小生意的不同之处,就在于你愿意服务多少顾客。不要只把对方看成是消费者,而要把他们看作拥有梦想的人。

箴言 5

大多数人都没有充分发挥自己的潜力,任何使其境况获得改善的切实帮助,都会令他们感激不已。因此,每个人都需要对自己,对自己的目标,以及为了实现目标应该作出哪些改变,有一个清醒的认识。

箴言 6

当梦想破灭、挫败感袭来的时候,我们会怎样?一些人面对一连串的失败和沮丧的反应是可想而知的:他们首先试图否认或掩盖失败,然后埋怨自己或迁怒于他人,最终试图去逃避事实。有些人对沮丧已经无动于衷,有些人则用一些于事无补的消极行为企图亡羊补牢,有些人永远与沮丧生死与共,还有一些人则选择坐以待毙,虽然他们大可不必如此。

箴言 7

有些时候，我们通过抱怨他人以减轻自己的负罪感，然而抱怨很快就陷入了一种危险的、无止境的恶性循环。伯顿·赫里斯曾说："听起来不错的理由和真正正当的理由，往往是大相径庭的。"梦想破灭、沮丧不安正是一个让我们停止抱怨，找出陷入迷茫的真实原因，然后制订正确的计划，走出阴霾的好时机。

箴言 8

悲观是一种致命的疾病，它能扼杀潜能，让生命窒息。我坚信只有希望，而非绝望，才能帮助我们渡过困境。让我们从绝望中站起来，重新珍爱生命，构筑梦想。

箴言 9

在我的生命历程中，我领悟了"隧道尽头见光明"的道理。风雨过后是彩虹，哭泣会给大笑让步，悲伤总有一天也会向快乐投降。我坚信漫漫长夜之后，太阳照样升起，温暖重回大地。

箴言 10

生活的改善始于有序地安排个人和公共事务，如家庭、友谊、教育和工作。所以，我们必须确认自己究竟想做什么，并据此安排目标。

箴言 11

太多的人并没有清晰的梦想："我们根本就不知道自己究竟想去哪里，又怎么会对没有到达目的地感到奇怪呢？"哲学家阿尔弗雷德·诺斯·怀特黑德曾经写道："我们想的是梗概，却生活在细节中。"所以，仅有梦想远远不够，更重要的是，我们要把梦想付诸具体的实际行动。

箴言 12

花几分钟时间思考一下你的生活目标，把它们写下来。写完后，不要扔掉你手中的笔，再给自己一点时间，检查一下你的所有目标，并圈出最重要的部分，大声诵读。然后扪心自问："我今天为达成目标做了什么？"

箴言 13

人如果只以赚钱为目的，很少能真正赚到钱，相反，那些知道自己为什么需要更多钱和想用钱做什么的人，才更有可能达到自己的目标。

箴言 14

当人们集中精力，为生活设立了目标，并为此全力以赴，奇迹就会发生。

箴言 15

除非你对人生有一套积极、核心的价值观，否则你的目标将贫乏而无意义。没有建立在价值观基础上的目标不仅无法帮助你成功，反而可能把你带向危险、毁灭之路。

箴言 16

如果你想获得成长，提升人生格局，就应当多播撒一点儿爱，给爱一点儿机会。无论个人还是国家，我们都需要伟大传统的复兴，而当每一个人重新开始互相友爱时，伟大的复兴才真正开始。

箴言 17

爱是一切事物赖以生存的基础。学习爱要花一辈子的时间。将爱作为我们所有目标和行动都遵循的准绳吧！

箴言 18

我们生活在一个价值观需要被重新定义和创造的时代。这个时代充满了机遇，我们用创新的解决方案来应对新问题。巨大的机遇中孕育着巨大的成功，新的生命力推动着人类文明滚滚向前。

箴言 19

如果努力工作，在身边重新发现并播撒爱，我们的经济状况就会好转，我们的家人、朋友也可以自由地选择人生目标，并通过助人自助实现目标。

箴言 20

有序地理财——清偿债务、学会与他人分享财富、制订财务计划并切实遵守是让生活轻松起步的前提。

箴言 21

很多人在财务上一塌糊涂。原因很简单：花的比赚的多。如何才能重整自己的财务状况？在和很多人交流后，我发现大家基本都同意以下五个步骤：第一，清偿欠债；第二，学会与他人分享财富；第三，每个月都要储蓄；第四，严格限制开销；第五，学会按照以上规则生活。

箴言22

赚钱的方法有很多,但是在你创业或拓展原有企业之前,一定要先处理好自己的财务问题,俗话说得好:"如果你无法靠现在赚的钱过日子,那么赚得再多也不够花。"

箴言23

等到有钱的时候再去谈奉献,或许永远也做不到奉献。因为漫漫人生中,施与比接受更困难。

箴言24

以我的经验来看,那些从创业初期就慷慨施与的人都会获得成功,他们为顾客和竞争对手所喜爱着、感激着。最终,一切可能都将成为过去。你如何被人们追忆取决于你如何开始做。人生的目的在于奉献,在于助人。

箴言 25

一旦你学会了帮助自己,你就有能力去教别人如何自力更生。我们的朋友一再告诫我们,如果想真正地帮助别人,就不能只给他们钱,而是要帮助他们学会自立。

箴言 26

只有能带给我们自由、回报、肯定和希望的工作,才值得倾力而为。所以,如果工作不能带来满足感(包括经济、精神和心理上的满足),我们就应该尽早结束它,去开辟新的事业。

箴言 27

很多人认为自己只能从事家族或者所在社会阶层所期望的工作。人们应该从这种工作理念中解放出来,努力去从事最富有创造性的工作,充分发挥自己的潜能和才智,并且将它们转化为实际价值。

箴言 28

我们认同有意义的工作,它提供给人们的不仅仅是一日三餐或者居有定所,而且还能改善我们的生活,使我们获得尊严。

箴言 29

我坚信,肯定他人的成就会产生一股强大的动力。在今天,人们更期待他人关注自己的工作,渴望得到认可,因为积极的肯定能够建立自尊和自信。获取他人的肯定是人类的天性,如果人们不能取得他人的肯定,那就很难有建树。

箴言 30

我们在表达自己的认同和肯定时经常会说:"你对我很重要,你所做的事很重要。"没有认同,人们将因失去对成功的兴趣,失去自身的个性而流于平庸。

箴言 31

我们要帮助别人成为成功者。也许一张表达谢意的卡片或者一次交流,就会产生意想不到的效果。关注别人所取得的成功,激励他们,为他们的胜利喝彩。作为回报,他们也将给予你所需要的回报和肯定。

箴言 32

没有任何一种良药比希望更有效,因为它能产生强大的激励和动力。事业的成功和希望是密不可分的:改善生活品质的希望,获得升迁的希望,拓展业务的希望,都是让我们的事业取得成功的关键。

箴言 33

人们必须对明天抱有希望,不然很容易会做一些无效的工作。如果你对未来抱有希望,那么克服今天的困难就容易许多。如果面对动荡的现状,你觉得毫无希望,那你的内心深处就只剩下了绝望。

箴言 34

怀有仁爱之心是实现商业成功的奥秘,所以,我们每天都要扪心自问:"我如何以一颗仁爱之心,对待同事、主管、雇主、员工、供应商、顾客,甚至竞争对手?这样做将产生什么样的效果?"

箴言 35

自由和关爱是不可分的。威廉·赫兹里特说:"爱自由,就是爱别人。"萧伯纳则说:"自由意味着责任。"责任正是许多人恐惧自由的原因,而仁爱意味着不惜一切代价为他人和世界担负起责任。

箴言 36

成为一名优秀的企业家,不仅是对自己创造力和潜能的挑战,也是对自己认知的考验:你是否懂得如何去改善自身及周围人们的生活。

箴言 37

拥有自己的事业，是实现个人自由和家庭财务独立的最佳途径。所以，我们应该认真考虑创业，或者将"企业家精神"注入现有的事业和工作中。

箴言 38

任何人都可以成为企业家。年龄不是障碍，性别也不是障碍。无论男女老少，都具备同样的创业精神和天赋，除非自我设限，否则在成为企业家方面不存在任何不可逾越的障碍。

箴言 39

工作有时候会让人感到厌烦，但并非一定如此。你可以选择沦为工作的奴隶，无休止地抱怨、憎恨；也可以今天就决定是为自己奋斗还是为别人打工。你完全可以成为一名企业家，将你的工作变成人生中不断成长、发现、获得报酬和奉献爱心的机会。

箴言 40

企业家精神无处不在,创造和革新的步伐在当今世界正迅速加快。

箴言 41

企业家精神并不是尔虞我诈、互相残杀,而是需要有丰富的想象力和创造力。如果没有一个好的想法,最终你很可能失败。而好的想法,来自对社会需求的认知。

箴言 42

如果有关自由创业的问题一直萦绕在你的脑海里,如果你一直渴望经济上的安全感,如果你不喜欢现在的工作,那你就遇到了作出改变的绝佳机会。对于创业者而言,拥有梦想就等于拥有了成功!

箴言 43

无论你是自主创业，还是将自己的创造力和热情奉献给他人的企业，你都必须有能够支配自己的自由企业家精神。

箴言 44

我是个坚定的乐观主义者。我相信命运已经为我们安排了能够解决问题的、富有创造力的才能。如果能坚定信念、拓宽视野，我们就会找到世界上所有重大问题的解决方案。作为人类的一分子，你我的态度都关系重大。

箴言 45

成功始于积极的态度。我所说的"态度"是指"积极的心态"，也就是"我相信我能成功"！

箴言 46

切莫让那些有关你缺点的谎言再次威胁你的未来,相反,你应该想一想自己的天赋,找出一个你自己认同的正面特质,去开发更多的潜能,从今天开始就树立一种全新的、积极向上的生活态度。

箴言 47

你不能保证每次都获胜,甚至可能会遭遇一次又一次的失败。但是不断从失败中走出来,历练自己,将有助于你发掘天赋,这样你也将离成功越来越近。

箴言 48

培养积极、乐观、充满希望的态度,对达成目标至关重要。

箴言 49

无论是什么曾经阻碍了你,无论是什么让你感到自己是个失败者,无论你的人生和事业面临怎样的恐惧和威胁,你都要听听你内心的声音:"我能行!我会再站起来的!我不会让任何人偷走我的梦想。"

箴言 50

不论你是打算创业、展示自己的运动能力或艺术才华,还是为政府或私营企业工作,你都有机会一展身手,做一名企业家或一个勇于挑战人生的有价值的人。不论你的梦想是什么,准则都是一样的。首先,要相信自己,积极的态度是相当重要的;其次,你需要一位良师来指导。当你有了正确的态度、朋友的帮助,你就可以行动了。

箴言 51

成功只属于那些拥有目标并为此坚持不懈的人。所以,要学会制订短期和长期目标,把它们写下来,并随时检查进度。达成目标要自我奖励,没有达成要自我反省。

箴言 52

成为成功的企业家,需要有经验丰富的良师来指导。所以,我们要找到令人敬仰且有成就的人,帮助我们达到目标。

箴言 53

你可以梦想拥有自己的企业,但你要坚持下去,并将它具体化。你喜欢从事什么工作?你希望拥有什么类型的企业?你希望如何度过一生?

箴言 54

如果你可以挑选世界上的任何工作、任何职业、任何事业,你会选择什么?暂时忘掉别人对你的期望,包括你的家人、朋友或配偶,确定什么才是你自己想要的。要相信自己的感觉,培育那个能令你兴奋并使你对未来充满希望的梦想,哪怕只是一个念头。

箴言 55

有些人拥有伟大的梦想，但他们从不制订目标和策略。没有计划，你只能在原地打转，虚度光阴。另一些人有计划但不够充分，他们不了解市场如何运作，因而同样会失败。

箴言 56

大多数成功的人并不认为自己是天才，但这并不意味着我们没有能力、毅力或努力工作的品质。不要听信任何人说你没有天赋。你有！

箴言 57

不论你选择什么事业，请确保有足够的资源来帮你度过创业初期和只有低收入（如果能有一些收入的话）的困难时期。

箴言 58

不要设立那些太小或太安全的目标，要敢于设立超越你目前状况的伟大梦想。每个人都可以设立安全过马路这样的小目标，但要设想远大的目标，放眼世界。在你能取得辉煌成就时，为什么要满足于那些平庸的目标呢？相信自己！追寻你的梦想！这才是真正大刀阔斧的改变。然后，一切问题都会迎刃而解。

箴言 59

不要担心能力有限，但也不要盲目。一个梦想破碎了，就去构筑另一个梦想。

箴言 60

不必羞愧于自己对物质财富的欲望。我们应该为自己正当赚得的每一块钱感到自豪，并充满感恩之心。你赚的钱会帮助你和家人改善生活质量，还会让你有能力帮助他人（如果你有同情心的话），帮助你身边和世界各地那些忍饥挨饿、贫困交加、流离失所和疾病缠身的人。

箴言 61

财务安全这一长期目标是通过制订并完成许多短期目标来实现的。

箴言 62

每项成功的事业都开始于一个简单的目标,该目标很快会细化为许多短期和长期的目标。然而你必须为之付出一系列的行动,或提供策略以实现这些目标。

箴言 63

策略就是为实现目标每天应采取的行动步骤。记住这个公式:$MW=NR+HE \times T$。如果物质财富(MW)是我们的长期目标,那么自然资源(NR)、人力(HE)以及工具(T)就是我们用来实现目标的策略。

箴言 64

运气的确是一个因素。但根据我的经验,是努力工作而非幸运为我带来了成功。

箴言 65

同其他资源一样,你的精力是有限的,不要浪费它,也不要低估它。制订一个计划去实现自己的梦想,要善于利用你的每一分精力。

箴言 66

正确的态度、行为以及承诺有助于达成目标。所以,我们应该掌握这三条成功法则。

箴言 67

无论你想建立什么事业,基础工作永远都是最重要的。在你前进的道路上,要始终铭记约翰·卫斯理说过的那句话:"切忌被书本吞噬,因为爱远远比知识更重要。"如果说我从这句话中学到了什么,那就是当所有的技能都爱莫能助的时候,努力工作(而且做最基础的工作)能够让我们安然渡过难关。

箴言 68

如果你曾经遭遇不幸，要学会从那些艰难的岁月中吸取教训并重新开始。即使你没有大学学位，甚至连高中也没有读过，也都不要紧。最重要的是要利用你所拥有的一切，并将它们发挥到极致。即使你今天什么东西都没卖出去，那也没关系，也许明天你就可以了。多想想能从这场悲剧中学到什么，让不幸成为你的良师益友吧！

箴言 69

你的事业所要求的基本技能是什么？你是否曾尝试过列出清单，写明你取得成功必须做的事？如果你真诚地反复实践基本技能，你的事业将会蒸蒸日上。如果你变得懒惰，日复一日地浪费时光，你只会走向失败。每天执着地练习那些最基本的技能吧，你将会取得成功！

箴言 70

存钱应该从一分一分开始,抛开一时的物质诱惑,为你的长期目标努力。起初你可能觉得这没有什么,但长期下来,这将是一笔丰厚的财富。

箴言 71

我们为自己设定了一些长期目标,随后,每天都会有一些重要、紧急、关键的事情冒出来,耽误我们实现目标。如果这个目标对你很重要,那么你今天就要想办法立刻行动。

箴言 72

不要以貌取人。始终要记住,那些你认为最有可能成功的人也许会放弃或失败;同样,你认为最有可能失败的人有时候反而能一鸣惊人,取得成功。

箴言 73

你今年的目标是什么？10 年内的目标又是什么？你是否将这些目标写下来？你是否把计划做成了图表，并适时修正？如果没有目标指引，你就会原地不动。这不能怪别人，只能怪你自己。

箴言 74

是否有令人感觉不快的任务在等着你去完成？去做吧！是否应该向前迈出充满风险的一步？去做吧！是否有一个令你兴奋的冒险但你却害怕开始？去做吧！你想开始创业吗？你想请求老板为你加薪或请求你的主管为你提供一个新的职位，抑或请你的同事将音响的音量调低一点吗？……去做吧！如果你不采取行动，你永远都不知道自己能否成功。如果你现在不采取行动，你可能永远都不会行动。

箴言 75

所有的成功背后都有一条牢不可破的规则，那就是"爱别人，利用金钱；而不是爱金钱，利用别人"。用爱心去对待客户、供应商、合伙人、同事、老板和员工，你付出的爱必定会有回报。

箴言 76

当机会突然出现时，真正让你准备好去发现并抓住它的是某种神秘而强烈的内心企盼："我能成功，为了成功我要努力去做。"这是一种我们可以互相给予的礼物，有时也是我们给自己的礼物。

箴言 77

那些很快就放弃的人，总是想知道如果自己没有放弃会是怎样。而那些通过忠诚的日复一日地工作、反复实践基本技能、拒绝放弃的人，终有一天会加入胜利者的行列。放弃是你与你的梦想之间最大的障碍。每个人都会想到放弃，但不要真的那么做。

箴言 78

"狭路相逢勇者胜！"我还没见过有人在前进时不冒风险的。对有些人而言，要冒金钱上的风险。对有些人而言，要冒名誉上的风险。对有些人而言，要冒声望上的风险。对另一些人而言，要冒安全感上的风险。俗话说：不入虎穴，焉得虎子。你的职业梦想是什么？你打算冒何种风险去追逐梦想？

箴言 79

试试看，发现一种需要并去满足它。想一想为那些比你的处境更困难的人提供帮助，会给你、你的家庭以及你的事业带来什么。

箴言 80

谨慎地迈出第一步，明确你必须做的事情，并要相信自己能够且想要这样做。然后，你就可以将那些老问题搁置一边，开始你的冒险。因为前面将有太多的新问题等着你去解决。

箴言 81

当成功来临时,我们希望和朋友一起分享。但同时我们不会强迫朋友去做他们不想做的事情。

箴言 82

千万不要将友谊当作是一种冒险或前进的筹码。如果只将朋友看作是一种商机,我们将会永远失去朋友。与朋友分享你的梦想,但同时还要明白,下一步要由你的朋友自行决定。切记:友谊是至高无上的,否则你将失去朋友,形单影只。

箴言 83

与那些哀诉者、挑剔者、爱发牢骚的人、悲观的人、唱反调的人、抱怨的人在一起,你的结局也会和他们一样。与胜利者在一起,有一天,你会发现人们正为你欢呼喝彩!

箴言 84

借口无益,借口就像伤口,流血不止,直到死亡,而时间却在分分秒秒地流逝。你让自己继续尝试的理由是什么?你会因为自己的失败而责备哪些人?如果托辞挡住了你的去路,就必须把它罗列出来。向别人请教并解决难题,相信你自己并"把握今天"!

箴言 85

要帮助他人实现自助。我们花时间和金钱去指导、教育和鼓励他人,只是偿还了一点点他人对我们的施与。你可以帮助哪些人达成目标、梦想成真?

箴言 86

无论我们把生活弄得多么混乱不堪(或生来就处在一个糟糕的环境中),无论你的人生有多成功,我们每个人都应该相信自己有更多的能力与价值。

箴言 87

回想你的生活。记住那些有勇气、有思想的人,他们曾给你提供机会去改善自己,要感激他们。每个令人印象深刻的伟大故事,都是从平凡的小故事中创造出来的。

箴言 88

成功永远不会在孤立的环境中取得。我还没有见过在孤立环境中取得成功的人,也不了解那些没有欲望帮助他人的成功人士。

箴言 89

要帮助那些无法自助的人。贡献时间、金钱给需要的人,这既能提升自己的尊严和价值,又能为世界带来希望与和谐。作为施与者,你能为邻居和世界上遭遇困难的人提供什么帮助呢?

箴言 90

一旦明确了关注点，就必须制订详细的计划来指导行动。要写下详细的目标，以及计划在何时、用何种方法达成目标。要制订进度表，召集合作者来帮助我们，在需要时可以改变行动方针，在完成任务时则要庆祝一番。

箴言 91

保护地球、保护家园，是人类义不容辞的责任。贡献时间、金钱保护地球，就是保护我们自己。做地球的朋友吧！设想一下，我们每天能为保护地球做什么呢？

箴言 92

奉献时间、金钱和经验去帮助他人，可以实现爱的传递，这将有助于实现个人价值，让社会繁荣。所以，无论何时，如果你厌倦了行善，就请想想"报偿法则"——你所付出的每一点时间、金钱或精力，都将获得回报。

箴言 93

不难理解,发现需要并施以援手,会给施受双方的生活都带来积极影响,接受他人的馈赠是一种美好的感受;那些努力工作,慷慨奉献时间、金钱和经验的人,将获得比其付出多数倍的回报。

箴言 94

公平竞争和仁爱地获取财富有益于社会。但如果我们忘记了报偿法则,就会造成对公共利益的滥用。

箴言 95

如果你想成为一名成功的创业者,就必须长时间地工作。成功人士珍惜时间并善于利用它,他们不会在晚上看电视,早上睡懒觉,因为需要把更多的时间投入生产中,所以他们更有生产力。

箴言 96

世界上没有只靠才干而无须强大意志力就可以做成的事。成为成功的创业者,关键在于必须有意志力去坚持。

箴言 97

几乎没有例外,成功者都经历过多次的失败。杰和我也经历过失败,但我们从来没有放弃。所以,请你也不要放弃。或许我们只是有些顽固罢了。顽固和坚持非常相近。坚持好的东西是"坚韧不拔",坚持坏的东西是"固执"。固执是顽固者的特点,而坚持则堪称圣人的品质,千万不要将二者混为一谈。如果把"顽固"当成坚持,我们就永远不会实现有意义的目标。绝不能因"顽固"而陷于愚蠢。我们必须坚定地追求成功,成功不可能一蹴而就,坚持最终将引领我们到达胜利的彼岸。

箴言 98

　　自律的企业家有自己的行为准则。遵守有规律的生活方式意味着可以更快地实现目标。通过自律，我们会获得自由。如果没有自律，我们的生活就会被他人主宰。我们必须在二者间作出选择。

箴言 99

　　你想成为一名成功的创业者吗？你希望得到真实、持久、真正的利润吗？那就让仁爱引领你走好人生旅程中的每一步吧！